主厨创意腌泡料理

日本旭屋出版　主编
何思怡　译

中国轻工业出版社

Contents
目 录

说明

○ 材料与做法根据各餐厅的烹调方法记录。

○ 本书中出现的计量：大匙 =15 毫升、小匙 =5 毫升、1 杯 =200 毫升。“适量”指根据烹调状况来决定食材或是调味品的量。

○ 做法中标注的加热时间、加热温度等，因使用机器的不同可能会有差异。

腌泡的技巧

腌泡做法的优势与目的

去除食材多余的水分

使肉质更加紧致

有效突出食材的美味

增加食材的香味

使食材更易入味

使食材口感柔嫩

去除食材的腥臭味

延长食材的保质期

可使主菜与配菜的味道更加和谐

很多情况下，腌泡的目的并不是单一的，有可能会同时出现。

- 菜品的制作仅需要腌泡完成
- 腌泡只是其中一个步骤

根据以上两种情况，先决定腌泡的目的，再据此来选择腌泡料以及搭配的食材。

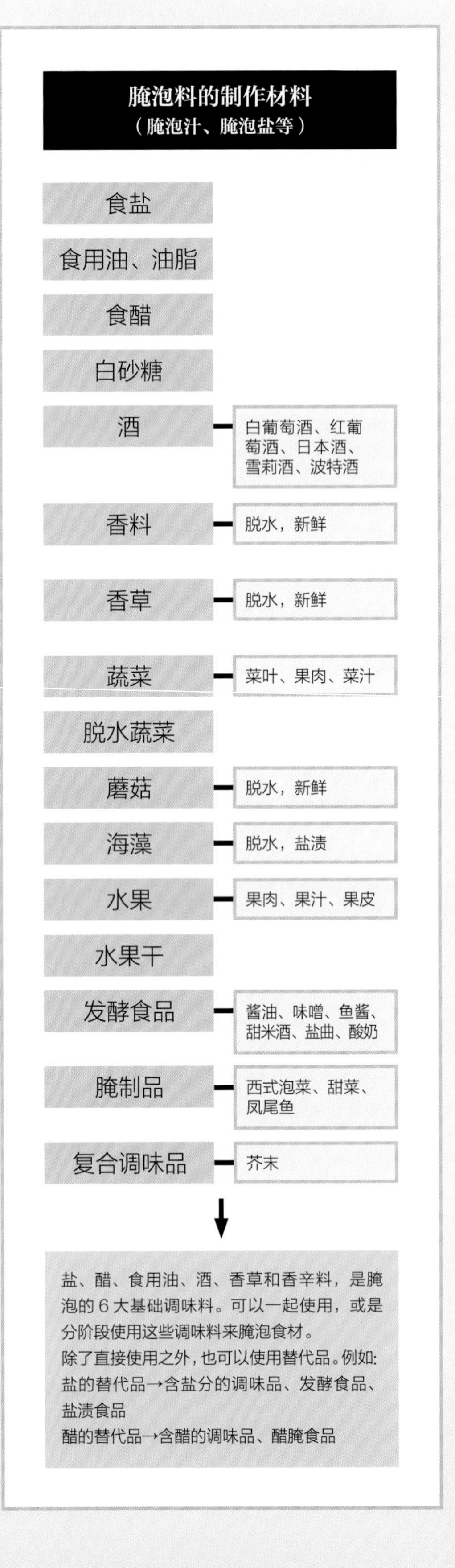

腌泡料的形态

液态

膏状

酱

粉末状

糊状

固态

液态料汁与粉末状料在处理食材时，达到的入味效果不同。
在短时间内腌泡菜品，与使食材慢慢腌制入味，在腌泡料形态的选择也上有所不同。

腌泡的方法

浸泡于腌泡料中

将腌泡料涂在食材表面

使食材与腌泡料紧密贴合
- 裹上保鲜膜
- 用膏状料涂抹
- 用面糊包裹
- 真空包装

熏制

蒸制

加热之后再冷却

通过真空、减压来加速入味

腌泡方法由食材决定。虽说浸泡与涂抹是主流，但近年来真空包装十分流行。这种新方法可以用较少腌泡料在短时间内达到目的，因而备受关注。
在真空包装袋里进行腌泡，随后将食材连着真空袋一起放入蒸汽锅或是蒸汽炉中烹调，此方法不论是在西餐、日料还是中餐里，均可广泛使用。
另外，还有一种最新的方法。即使用可降低容器内的气压的厨具，利用食材内外的气压差，使食材表面的腌泡料在短时间内渗透进去。

十时亨

银座十时屋 新法式餐厅（GINZA TOTOKI）

法式煨炖时蔬

干香菇和干金针菇的鲜味让时蔬的味道更浓郁

“煨炖”，是指基本不另加水，利用食材自身的水分烹调。干香菇与干金针菇浓缩了新鲜菌菇所没有的鲜甜，与根茎类蔬菜一起煨炖，蔬菜的味道更加浓郁。将食材与腌泡汁一起加热，保质期会更长。这一做法在法国南部非常受欢迎。这类煨炖菜肴可以冷藏保存一周以上。煨炖菜肴与清爽的香菜也是绝配，加热时加入香菜，更具风味。

材料

白芦笋…2 根
蘑菇…10 朵
胡萝卜…半根
干香菇…6 朵
干金针菇…适量
香叶…2 片
香菜籽…3 撮
盐…5 克
白葡萄酒…100 克
柠檬汁…40 克
特级初榨橄榄油…45 克
绿橄榄…适量
苦菊…适量

做法

1 白芦笋去皮，切成三四厘米的小段。蘑菇去蒂，对半切开。胡萝卜切成半圆形，并把切角刮圆。干香菇泡开并去蒂，切成适口的大小。

2 将步骤 1 中的食材放入锅中，加入撕开的干金针菇、香菜籽、香叶、盐、白葡萄酒、柠檬汁和橄榄油，大火加热。

3 煮开后，转小火煮 1 分钟。搅拌均匀后调味，盖上锅盖再煮 1 分钟。

4 关火闷 5 分钟。待凉后装入容器中，冷藏保存。保质期为 1 周。

5 食用前从冰箱取出，装盘，点缀上绿橄榄与苦菊即可。

海带夹腌比目鱼刺身

海带夹腌可以最大限度保留白身鱼肥美细嫩的口感

为了在法式料理中体现日式风情，可以借鉴日本料理的制作手法，引入日本料理中的食材。特别是在鱼类料理方面，日本料理有很多值得学习的地方。如海带夹腌刺身，在除去鱼肉水分的同时又可以激发出鱼肉的鲜美，这种处理方式较为常见。就算是味道清淡的比目鱼刺身，只要与海带搭配，也会别有风味。海带会渗出黏液，口感也会变得黏稠。不过，如果腌制时间过长或裹得过紧，海带的味道就会喧宾夺主，影响口感。因此，海带的厚度、腌制的时间和盐的用量都要严格把控。虽说是用海带腌刺身，但也可以加醋或者橄榄油，制成一道意式风味的料理。使用具有日式风情的食材，例如梅子醋、柚子或山葵，可将整道料理的独特风味发挥到极致。

材料

比目鱼…适量
盐…适量
海带…适量
日本酒、食醋…各适量
柠檬汁、梅子醋、米醋…各适量
海盐…适量
※ 柚子酱…适量
特级初榨橄榄油…适量
山葵新芽…适量
※ 番茄冻…适量
圣女果…适量
※ 番茄慕斯…适量
小萝卜片、山葵…适量

※ 柚子酱
将果肉捣碎冷冻而成。

※ 番茄冻
使用番茄汁将番茄与黄瓜制成冻状。明胶与番茄汁的比例控制在 7 ： 100。

※ 番茄慕斯
将生奶油、明胶或琼脂加入番茄酱中，打泡至慕斯状。

做法

1 切五片比目鱼肉，去除主刺和小刺，在鱼片两面抹少许盐腌制。

2 将日本酒和食醋喷洒在海带上使其湿润，叠放上步骤 1 中的鱼片，再盖上一片海带，用保鲜膜包裹，放入冰箱冷藏 3 ~ 5 小时。可根据个人喜好和食材的状态灵活调整时间，注意时间不宜过长。

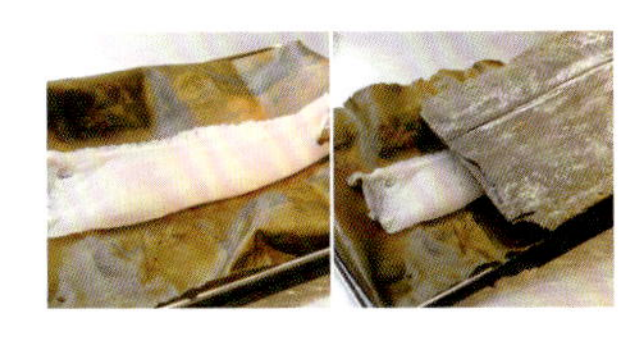

3 取出腌制后的鱼片，改刀切成更薄的小片。

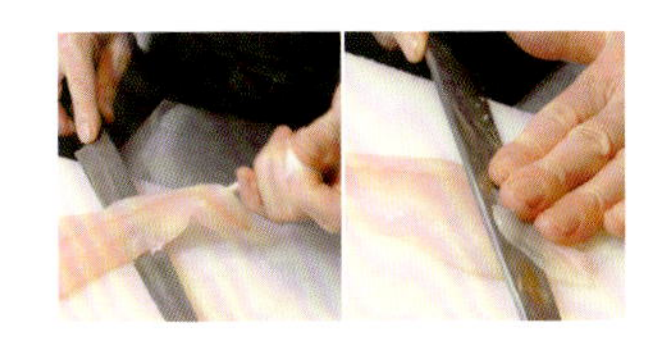

4 给鱼片涂上柠檬汁、梅子醋和米醋。一片鱼肉滴一滴梅子醋，只需让鱼肉吸收极少量的香味和盐分即可。柠檬汁的清爽、米醋的醇香与独具特色的酸味使口感更加有层次。

5 给鱼片涂上橄榄油，装饰上柚子酱和山葵新芽，稍加腌制。

6 将番茄冻切块装盘，四周摆上切块的圣女果。放入腌制后的比目鱼片，挤上番茄慕斯，最后装饰上小萝卜片和山葵即可。

盐曲鹅肝配柿干

盐曲和甜米酒在法餐中融入日式风情

即使在法国，也会积极借鉴具有日本特色的传统发酵手法。很多餐厅都会自己制作盐曲和甜米酒，并使用于各类料理中。盐曲和甜米酒的加入，使食材发酵出与加入单纯的盐或是白砂糖不同的熟成感。盐渍可以防止食物腐败，使用盐曲也有相同的作用。除此之外，盐曲还能使食材很好地发酵。不仅是肉类和鱼类，法餐中不可或缺的鹅肝也能与盐曲产生这种效果。仅用盐曲处理过的鹅肝，烤制后入口即化，再搭配口感浓郁香甜的市田柿干，十分美味可口。

材料

鹅肝…70 克
盐曲…适量
市田柿干…适量

做法

1 将处理干净的鹅肝切成合适的大小。

2 将鹅肝表面涂上盐曲，腌制15 分钟。

3 将步骤 2 中的鹅肝烤至两面金黄。

4 装盘，装饰上市田柿干即可。

甜米酒腌樱鳟

做法

1 樱鳟鱼切块，均匀抹盐，放入容器中，用保鲜膜包好冷藏一晚。

2 取出鱼块，洗掉表面的盐粒，擦干水分。浸入甜米酒，冷藏腌泡 3 ~ 12 小时。

3 擦去多余的甜米酒，将鱼块煎烤至表面焦黄。

4 将完整的蜂斗菜放入足量的橄榄油中稍加煸炒，然后连油带菜一起用搅拌机打碎融合，制成蜂斗菜油。

5 步骤 3 中的鱼块装盘，浇上用盐调味的蜂斗菜油。摆上炸好的蜂斗菜天妇罗，浇上意大利香醋酱即可。

腌泡技巧

甜的鱼肉适合用甜米酒腌泡

香甜的橙子让传统腌鱼口感更清爽

樱鳟在樱花盛开的季节上市，鱼肉柔嫩且呈现淡粉色，鱼身脂肪恰到好处，甜鲜味十足。选用甜米酒来腌泡鱼肉可以突出这些特点。鱼肉用盐稍加腌制，再浸入甜米酒。甜米酒的曲不仅可以使鱼肉更加软嫩，还有去除鳟科鱼肉腥臭味的作用。选用应季的蜂斗菜制作酱汁。用橄榄油稍加煸炒，连油带菜一起用搅拌机打碎融合。蜂斗菜淡淡的苦味与特殊的香气可以充分激发樱鳟肉的甜味，是当季才能体验的奢侈品。

材料（一份）

樱鳟（鱼块）…1 块
盐…鱼块重量的 0.8%
甜米酒…适量
蜂斗菜…适量
特级初榨橄榄油…适量
※ 蜂斗菜天妇罗…2 个
意大利香醋酱…适量

※ 蜂斗菜天妇罗

材料
蜂斗菜…2 朵
蛋奶面糊…适量
水…300 克
鸡蛋…1 个
高筋面粉…50 克
给蜂斗菜撒上面粉，裹上一层调好的面糊，下锅炸制即可。

红酒炖牛肉

预先腌制在法式炖菜中不可缺少

“红酒炖”，是将牛肉用红葡萄酒慢慢炖制的一种料理方法。浓郁的香味是它的魅力所在，作为经典菜品一直很受欢迎。筋比较多的后腿肉，用这种方法，筋里的胶质就会煮软，变得更加美味。炖制菜品还有一个优点，即可以充分利用形状不规则的食材。这道菜品使用的是牛排骨和后腿肉，有了油脂的加入，菜品的香味也会更加浓郁。为了更好入味，必须提前用红葡萄酒腌泡。注意，腌泡用的红葡萄酒一定要煮开，让酒精挥发掉，否则，肉的香味会在炖制过程中会同酒精一起跑掉。另外，要想使整道菜品肉香浓郁，关键在于保留油脂。

材料（准备量）

牛肉（牛排骨、后腿肉）…500 ~ 600 克
红葡萄酒…500 ~ 600 克
香叶…1 ~ 2 片
胡萝卜（薄片）…适量
洋葱（薄片）…适量
橄榄油…适量
盐、胡椒、黄油…各适量
加热过的蔬菜（胡萝卜、口蘑、菜花等）…适量

做法

1 将牛肉切成合适的大小。肉块太大可能会不易入味。这里先不使用盐和胡椒。

2 将香叶放入红葡萄酒（赤霞珠系为佳）中加热，使酒精充分挥发，之后关火待凉。

3 将牛肉摆入托盘，再叠放上胡萝卜与洋葱。由于日本牛肉腥味较淡，带有香味的蔬菜可以只选胡萝卜和洋葱。

4 倒入步骤 3 中煮过的红葡萄酒，保证没过食材，再用保鲜膜盖严，放入冷藏室腌制一晚。

5 将步骤 4 中的食材用滤网过滤，再将牛肉和蔬菜分别装盘。

6 给牛肉和蔬菜分别淋上橄榄油。将牛肉在 225℃烤箱中烤制 10 分钟，以便均匀上色。蔬菜也用上述方法处理。橄榄油不仅可以防止在烤制过程中水分过度流失，也可以使食材更好上色。

7 将烤好的牛肉和蔬菜一起倒入锅中。烤制过程中产生的汤汁及油脂也要一并加入。

8 之后加入步骤 5 滤出的红葡萄酒。量不够的情况下需要再新制作一些。如果红葡萄酒的浓度较高，也可以加水或者鸡汤稀释。这里请注意，为了突出牛肉的美味，与鸡汤相比，加水更合适。因为这道菜品本来就是要炖出牛肉的香味。

9 盖上锅盖，炖 1.5 小时。注意不要撇掉油脂。

10 食用前，从锅内取出加热过的牛肉装盘，再将炖汤继续熬制，进一步浓缩直至变得黏稠，后用盐调味，关火后再加入黑胡椒。也可根据喜好加入黄油。最后淋上熬好的汤汁，摆入加热过的蔬菜即可。

油封土鸡

带骨鸡腿剖开烹调易入味且方便食用

油封是为了长期保存肉类食品，将带骨的肉慢慢炖出油脂，将食材封在其中的一种料理方法。事先用盐和香草腌制也是必不可少的一步。这里最好使用大粒盐，便于使鸡肉慢慢入味。另外，最好选择咸味较淡且含有甜鲜味的盐。这里选用的是有着“盐中的劳斯莱斯”之称的法国 “盐之花”，取鸡肉重量 2.5% 的“盐之花”用来腌制，并去除肉中多余的水分，再加入大蒜和香叶，去除肉的腥味。带骨鸡腿在烹调时，味道以及火候不太好掌握，所以在准备阶段就应将肉处理成大致均等的厚度。

材料（1 人份）

带骨鸡腿…1 只
盐之花…适量
大蒜片…适量
香叶…适量
猪油…适量
※ 葡萄酒醋酱…10 克
黄油…5 克
盐…0.3 克
土豆泥…40 ~ 50 克

※ 葡萄酒醋酱
材料（准备量）
葡萄酒醋…85 克
野蒜末…适量
鸡汤…200 克
配合锅的大小，每次最多炖 100 克

做法

1 将带骨鸡腿沿着骨头剖开，确保骨肉分离，并尽量切成均匀的厚度。

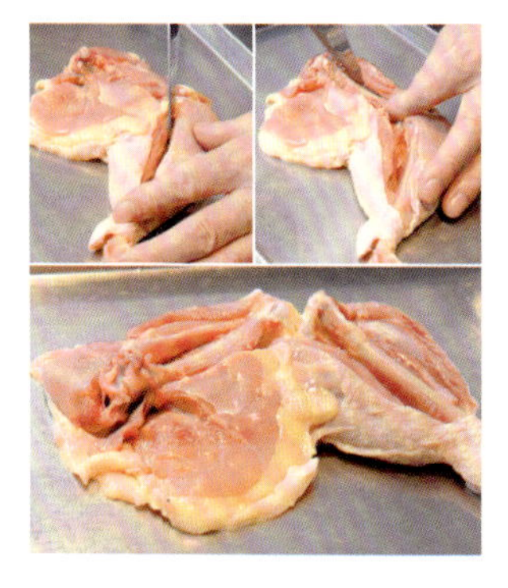

2 给鸡腿肉涂上“盐之花”，摆上大蒜片和香叶，为了防止水分蒸发，应用保鲜膜包裹后放入冷藏室腌制一晚。

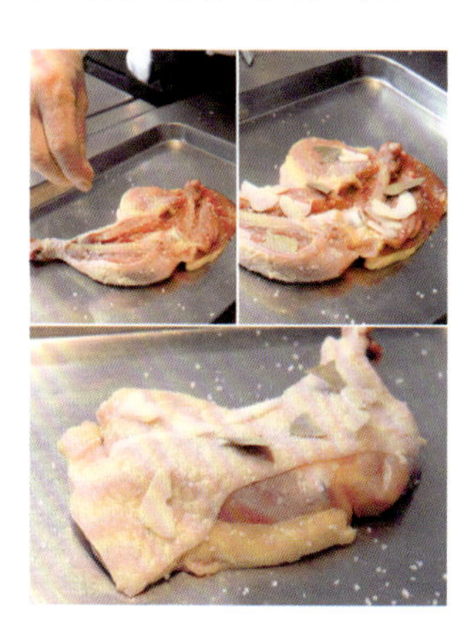

3 用猪油热锅。将步骤 1 中的鸡腿肉放入锅中，在 85 ~ 90℃下炖制 1.5 小时。注意，如果温度太高，肉质会变硬。炖好后按照其浸泡在油中的状态保存。

4 食用时将鸡腿从油封中取出，整理形状，再用火烤制，直至表皮金黄。

5 装盘，淋上加入黄油和盐的葡萄酒醋酱，最后盛入土豆泥即可。

草莓卡布奇诺

腌泡技巧

酒渍水果
与冰激凌
更搭配

波特酒腌泡草莓制成别有风味的甜品

用糖浆、波特酒或是白葡萄酒腌泡水果，可达到既保留水果的新鲜感，又增强其与冰激凌或是酱汁搭配的协调感。水果会更加多汁，刺激的酸味也会变得柔和起来，与酱汁、奶油或是巧克力也很好搭配。除了这里介绍的波特酒腌泡草莓，也可以在真空包装中用糖浆腌泡苹果或菠萝，或用白葡萄酒腌泡猕猴桃。

“草莓卡布奇诺”这道甜品，是用波特酒腌泡过的草莓作为主要食材，加入草莓酱，开心果冰激凌，再搭配绵密的打发过的马士卡彭奶酪酱制作而成的。

材料

草莓…适量

波特酒…适量

※ 特制草莓酱…适量

开心果冰激凌…适量

马士卡彭奶酪酱…适量

巧克力薄片…适量

香蜂花枝…适量

※ 特制草莓酱

材料（准备量）

草莓酱…500 克

香蜂花枝…4 根

将香蜂花枝放入草莓酱中，煮开后继续加热 20 分钟，待凉后即可使用。

做法

1 将草莓蒂择除，放入波特酒中腌泡 3 小时。

2 将特制草莓酱衬到盘底，盛进步骤 1 中的腌制草莓，加入开心果冰激凌，再盖上一层马士卡彭奶酪酱，最后装饰上巧克力薄片和香蜂花枝即可。

真空糖渍苹果

将苹果或是菠萝腌泡在糖浆中，再真空封起来，会非常有趣。由于有渗透压，糖浆会在短时间内渗入果肉，使果肉在呈现出透明外观的同时，不会影响口感。糖渍苹果看起来像是蜜饯，但却保留了新鲜苹果爽脆的口感。

糖浆是将 75 克精制白砂糖溶解于 300 毫升的水中，再进一步冷藏之后制成的。将切成薄片的苹果装入真空包装袋，注入糖浆，这时糖浆会迅速渗入果肉，使其呈现出透明状。

渡边健善

雷桑斯法式餐厅（Les Sens）

黑胡椒小菜

发酵和烤制处理使香味充分散发

焙烤过的黑胡椒粒具有强烈的香味，将其与面糊充分混合再包裹蔬菜，不仅可以使蔬菜带有黑胡椒的香味，同时也会有些许辣味浸入其中。与直接撒上黑胡椒不同，以这种方式烹调出的蔬菜辣味比较柔和，受众更加广泛。另外，给小洋葱、蛤蜊、新土豆同样裹上黑胡椒面糊放入烤箱烤制，烤制的过程香味散发，食材也会很好地吸收这些香味。裹上面糊烤制，新土豆更松软，小洋葱的甜度增加，蛤蜊也会变得更加鲜嫩美味。调制的荷兰酱，是加入橄榄油和白葡萄酒醋后制成的。

材料

※ 黑胡椒面糊…适量
蛤蜊…1 个
新土豆…1 个
小洋葱…1 个
白葡萄酒…适量
低筋面粉…适量
※ 调制荷兰酱…适量

※ 黑胡椒面糊

材料
黑胡椒（整粒）…8 克
高筋面粉…120 克
盐…4 克
蛋清…40 克
水…30 克

1. 将黑胡椒用平底锅焙烤直至产生香味。整粒黑胡椒比胡椒粉香味更浓，所以选用整粒的为佳。焙烤完成后搅拌均匀。
2. 将高筋面粉、盐、蛋清、水混合，制成面糊。再加入黑胡椒，放置 2 小时。

※ 调制荷兰酱

材料
白葡萄酒醋…30 毫升
蛋清…2 个
水…30 毫升
特级初榨橄榄油…50 毫升
盐…适量
白胡椒（整粒）…3 ~ 4 粒
柠檬汁…少量

1. 将整粒白胡椒稍微捻碎，与白葡萄酒醋、蛋清以及水混合后隔水加热。一点点加入橄榄油，使其乳化。
2. 充分混合后加入柠檬汁搅拌均匀，最后用盐调味。

做法

1 制作黑胡椒面糊。

2 将蛤蜊放入锅中，注入白葡萄酒稍微加热。

3 新土豆带皮用盐水煮 7 分钟，煮好之后剥皮。

4 将小洋葱也用盐水煮大约 7 分钟。

5 新土豆以及小洋葱挂上面糊。将蛤蜊上面的壳去掉，淋上少许白葡萄酒，再盖上一层黑胡椒面糊。将上述食材冷藏至少半天，让面糊的香味渗入。

6 半天后从冷藏室取出食材，撒少许低筋面粉，在 170℃的烤箱中烤制 8 分钟。

7 烤制完成后，切掉食材顶部的面糊，装盘，淋上荷兰酱，最后将低筋面粉过筛，撒上即可。

玫瑰扶桑水果泡

腌泡技巧

用花瓣精华腌泡食材

花瓣与香料的搭配更加突出水果的清爽香甜

水果有着清爽的口感和香甜的味道。当它与玫瑰甜蜜的香味、扶桑特殊的酸味以及豆蔻特殊的清凉感碰撞时，会迸发出一种全新的甜味以及清凉口感。将柑橘类、瓜类、果实类的一系列水果一起腌泡时，多种香味混合，口感丰富独特。搭配香醇的甘菊冰激凌，回味十足。若与花瓣同食，还可体验到香味缓缓在口中弥散开的乐趣，加入棉花糖，更增添了几分趣味。

材料（1人份）

玫瑰花瓣…0.5 克
鲜玫瑰…少许
玫瑰茄…少许
豆蔻…1 克
白葡萄酒…100 毫升
水…400 毫升
白砂糖…60 克
芒果…2 块
草莓…2 个
苹果…2 块
柚子…2 瓣
橙子…2 瓣
甜瓜…2 块
猕猴桃…2 块
葡萄柚…2 瓣
※ 甘菊冰激凌…适量
棉花糖…适量

※ 甘菊冰激凌

材料
甘菊…10 克
牛奶…500 毫升
白砂糖…85 克

1. 将牛奶煮开后加入甘菊。
2. 将步骤 1 中的食材继续加热，之后加入白砂糖，煮开后关火。待其自然晾凉。
3. 将过滤掉甘菊之后的液体倒入冷冻料理机中制成冰激凌即可。

做法

1 开始制作腌泡汁。将豆蔻放入平底锅中焙一下。

2 将水、白葡萄酒、白砂糖和步骤 1 中的豆蔻倒入锅中煮，使白葡萄酒中的酒精充分挥发。

3 加入玫瑰花瓣、鲜玫瑰、玫瑰茄，煮开后关火，待其自然晾凉。之后用冰水镇，腌泡汁就做好了。

4 将腌泡汁装入容器，接着放入切好的水果，放入冷藏室腌泡 1 天。腌泡 3 天以上的水果水分会流失，口感会变差，所以水果最多腌泡 2 天。

5 将水果泡装入玻璃瓶，摆盘。装饰上棉花糖和玫瑰花瓣，最后加上甘菊冰激凌即可。

熏油烤乳鸽

腌泡技巧

使用熏制油
腌泡后再烤制

低温熏制油使泥煤的熏香慢慢渗进肉中

熏制威士忌时会用到一种泥煤，用这种泥煤熏烤出来的乳鸽肉，连同鸽内脏一起摆盘，再装饰上麦秆，无论从外观还是味道来讲，都是富有野趣的一品料理。
将泥煤点燃起烟，用泥煤特有的熏香将花生油制成熏制油。用这种熏制油慢慢腌泡乳鸽，熏香也会渗进乳鸽中。腌泡之后再用油封料理法，不仅可以使泥煤的熏香与乳鸽更好融合，还可以使乳鸽肉质更鲜美，味道更浓。另外，熏制油与鸭肉也很好搭配，此做法同样适用于鸭肉。

材料（1人份）

乳鸽…1只
※熏制油…适量
乳鸽心脏…1只
乳鸽肝…1对
鸽里脊肉…1份
布里多尼海盐…适量
紫叶草…适量
盐…适量
胡椒粉…适量

※熏制油
材料（准备量）
泥煤粉…适量
花生油…300毫升
熏片…适量
白砂糖…适量

1. 在中式炒菜锅内铺上铝箔纸，再码上熏制用泥煤粉（如下图）、熏片和白砂糖。
2. 将网架放置于其上，再将装有花生油的碗放置于网架上。用大锅盖盖住整口锅。
3. 开火熏制。大火2分钟，中火5分钟，使熏香充分浸入花生油。

做法

1 处理乳鸽。将心脏、肝以及鸽里脊肉分开放。给肉抹上盐和胡椒，常温下腌制1～1.5小时。

2 将步骤1中的食材浸泡在熏制油中，放入冷藏室腌泡一晚。

3 在恒温55℃下给浸泡在熏制油的乳鸽加热30分钟，连同心脏、肝、鸽里脊肉也一起。

4 将油封完成的乳鸽取出，用平底锅煎烤表皮。

5 将麦秆铺在盘底，放上步骤4的乳鸽。给乳鸽撒上布里多尼海盐，接着摆上心脏，肝以及鸽里脊肉，再淋上熏制油，最后装饰上紫叶草即可。

西式泡菜岩牡蛎

腌泡技巧

将切碎的西式泡菜覆盖在食材上使之入味

做法

1 将岩牡蛎蒸制 5 分钟。蒸制后牡蛎壳会打开，取出牡蛎肉，将壳中的汤汁倒入碗中。

2 将两种泡菜切成三四毫米见方的小粒。

3 将牡蛎肉放回壳中，码上一层步骤2的泡菜粒，冷藏腌制。

4 将蒸出的牡蛎汁与泡菜汁按照 1 ：2 的比例混合，加入特级初榨橄榄油，搅拌均匀。

5 盘底撒盐，摆入腌制好的牡蛎，浇上步骤 4 的酱汁。最后再淋上 A 组蔬菜的腌泡汁即可。

用西式泡菜汁也可用于制作酱汁

分别制作两种香味不同、腌泡汁颜色也不同的泡菜。水萝卜、红芜菁和心里美萝卜制成的西式泡菜，腌泡汁呈现出红色，芹菜、黄瓜和绿橄榄所制的西式泡菜，腌泡汁呈现出绿色。西式泡菜保留了蔬菜的清香，也稍微中和了蔬菜的酸味。酸甜味和香味都比较温和，非常适合用来腌泡牡蛎。牡蛎的汤汁搭配西式泡菜的香气，回味无穷。再淋上用泡菜汁、牡蛎汤和橄榄油制作的腌泡汁，搭配湖蓝色的和式餐盘，别有情致。

材料

岩牡蛎…1 只
※ 西式泡菜两种…适量
※ 腌泡汁…适量
特级初榨橄榄油…适量

※ 西式泡菜两种

材料

A

水萝卜
红芜菁
心里美萝卜

B

芹菜
黄瓜
绿橄榄

※ 腌泡汁

材料

香槟酒醋…100 毫升
水…85 毫升
白砂糖…25 克
盐…4 克
柠檬汁…少量

1. 将材料放入锅中加热，煮开后加入 A 组蔬菜，再次沸腾后关火。盖锅盖，待凉后装入容器冷藏腌泡至少 1 天。
2. 用相同方法腌泡B组蔬菜。两种泡菜汁颜色不同，需要分开腌泡。

番茄清汁腌黑鲷

55℃恒温加热能够保留番茄清汁的风味

番茄的果肉滤出清汁，温和的酸甜味充分调动黑鲷鱼肉的甘甜。为了保证加热后也能保留番茄的风味，要在蛋白质凝固的边界温度55℃恒温加热。待凉的过程中，由于腌泡作用，番茄的酸甜味也会更好渗透进黑鲷鱼肉里。搭配上味道更浓、口感更独特的烘干番茄片和番茄粉，别有风味，颇具夏季清凉感。

做法

1 制作番茄清汁。番茄去籽后倒入搅拌机搅拌。

2 在滤网上盖一层厨房用纸，将步骤1中的番茄汁过滤到锅内，撒上盐静置一晚。过滤出的果肉可以用来制作番茄冰果。

3 取一人份（60 ~ 80克）黑鲷，抹上盐腌制30分钟。

4 将腌制完成的黑鲷放入盛有番茄清汁的锅中加热。保持55℃恒温加热5分钟后关火。自然待凉，再放入冷藏室腌泡一晚。

5 将腌泡完成的黑鲷装盘，浇上番茄清汁。再摆上切开的圣女果和番茄冰果。最后放上烘干番茄片，撒上番茄粉即可。

材料

黑鲷…1块（60 ~ 80克）
番茄…5个
盐…适量
圣女果…1个
※ 烘干番茄…适量
※ 番茄粉…适量
※ 番茄冰果…适量

※ 烘干番茄

材料
番茄

1. 将番茄切成薄片。
2. 将切好的番茄片放入烤箱90℃烤制3小时即可。

※ 番茄粉

材料
烘干番茄…适量

将烘干番茄用力捣碎即可。

※ 番茄冰果

材料
番茄果肉（滤过番茄汁剩下的）…适量
水…适量
白砂糖…适量

1. 将滤去番茄汁后的果肉加水拌匀。边尝味道边加入白砂糖，直至有甜味产生。
2. 装入容器中冷冻。冷冻好之后用小刀刮下冰霜。

做法

1 将三种胡萝卜片用橄榄油稍加煸炒。

2 将步骤 1 中的食材，胡萝卜高汤、五花肉薄片以及胡萝卜叶用耐热料理袋包好，放入专用容器，在 180℃的烤箱中加热 10 分钟。

3 加热结束后立刻将料理连带容器一起端上桌，最后搭配上胡萝卜泥调味汁即可。

充分调动三种胡萝卜的香味

充分利用食材自身的香味是很重要的。从烤箱拿出之后立刻装入专用容器，趁热上菜。打开袋子的一瞬间，滚滚热气带着浓浓的香味扑面而来，令人陶醉。

用胡萝卜高汤来烹调品种不同的紫胡萝卜、黄胡萝卜和胡萝卜，在加热的过程中腌泡，会产生多重香味。将胡萝卜叶也放进耐热料理袋中，胡萝卜的香味会更加浓烈。另外，拌入胡萝卜泥的调味汁也是点睛之笔。此料理能够使人充分品尝到胡萝卜的独特风味以及其多样的口感。调味方面不用过多的调味料，以清淡为佳。

材料（1 人份）

胡萝卜、紫胡萝卜、黄胡萝卜（切成 5 ~ 7 毫米厚的片）、胡萝卜叶…共 80 克
五花肉…30 克
特级初榨橄榄油…适量
※ 胡萝卜高汤…50 克
※ 胡萝卜泥调味汁…适量

※ 胡萝卜高汤

材料（准备量）
胡萝卜…100 克
高汤…100 毫升
将胡萝卜放入高汤中煮。待胡萝卜变软后用搅拌机搅拌均匀即可。

※ 胡萝卜泥调味汁

材料（准备量）
胡萝卜…50 克
雪莉酒醋…7 克
纯橄榄油…30 毫升
盐…适量
胡椒粉…适量

1. 将胡萝卜磨碎。
2. 将步骤 1 中的胡萝卜泥与其他材料均匀混合。

高森敏明

德斯嘉特斯　西班牙风味餐厅（Restaurante Dos Gatos）

腌泡鳐鱼

去除鳐鱼的腥臭味，体现鲜香味

经过腌泡预先处理的食材，可以有很多种烹调方法，如煎烤、炖煮、油炸等。油炸普遍适用于鳐鱼、鲨鱼这种搁置时间稍长就会产生特殊腥臭味的鱼类。先用大蒜以及香辛料腌泡鱼肉，去除腥臭味，之后油炸，去除鱼肉中多余的水分，激发鱼肉的鲜香味。鳐鱼有特殊的软骨，一定要低温油下锅，去除水分后升高油温，这样软骨才会香酥可口。

材料（准备量）

鳐鱼…400 ~ 500 克
大蒜…1 瓣
辣椒粉…2 大匙
牛至草粉…1 大匙
茴香…少许
白葡萄酒醋…2 大匙
白葡萄酒…少许
特级初榨橄榄油…少许
低筋面粉…适量
油炸专用油（橄榄油）…适量
黑橄榄叶…适量

做法

1 将大蒜放入钵中捣碎，加入香辛料拌匀，再倒入白葡萄酒醋、白葡萄酒与橄榄油，搅拌至膏状。

2 给鳐鱼涂上厚厚一层步骤 1 的腌泡料，腌制 30 分钟。

3 腌制好之后将鳐鱼表面的腌泡料稍微擦去一些，洒满低筋面粉。

4 热锅烧油，待油温约为 160 ~ 170℃时放入鳐鱼慢慢煎炸。水分炸干后，大火炸至表面金黄。

5 装盘，点缀上黑橄榄叶即可。

腌泡猪柳

腌泡技巧

真空包装使香辛料在短时间内渗入食材

涂满香料再烤制是西班牙传统的腌泡料理法

使用大蒜与香辛料来腌泡鱼类或是肉类，不仅可以去除其腥臭味，还可以延长保质期。这大概是在电冰箱发明之前人们常用的做法。根据食材的不同，香辛料的选择也会有所不同，加入肉桂可去除猪肉的腥臭味。真空包装可以使香辛料短时间内渗入食材。通常情况下，需要一个晚上才能腌好的食材，真空包装下只需三四个小时即可充分入味。除此之外，使用的材料少也是一大优点。使用烤箱烤制腌泡过的猪肉，表皮酥脆、肉质软嫩、回味无穷。

材料（准备量）

猪柳…600 克
盐…猪肉质量的 1.5%
大蒜…1 瓣
辣椒粉…大匙 1/2 匙
茴香…2 撮
肉桂粉…少许
牛至草粉…小匙 1/2 匙 ~ 1 匙
白葡萄酒醋…1 大匙
特级初榨橄榄油…2 大匙 +1 小匙
橄榄油…适量
小油菜…适量

做法

1 将盐涂抹至猪肉表面。

2 将大蒜放入钵中捣碎，加入香辛料拌匀，再倒入白葡萄酒醋与橄榄油搅拌至膏状。

3 将步骤 2 的调料涂抹到步骤 1 的猪肉上，加入 1 大匙橄榄油，真空包装下腌制 30 分钟。没有条件真空包装的情况下需要放入冷藏室腌泡三四个小时使其入味。

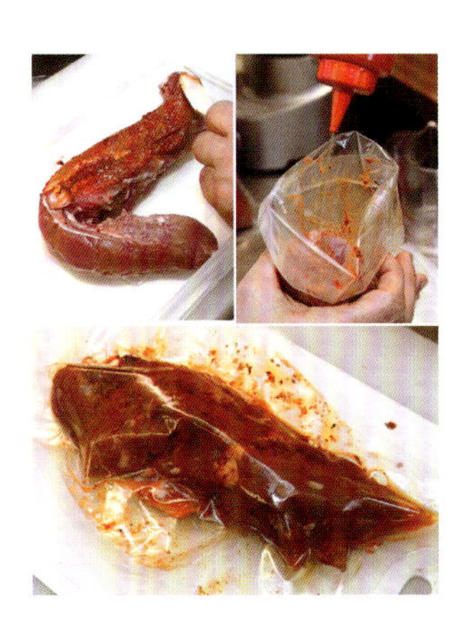

4 将橄榄油倒入平底锅加热，放入步骤 3 的猪肉煎制。煎制表皮金黄后放入 170℃的烤箱中烤。烤至猪肉的弹性恰到好处之后取出，用铝箔纸包裹饧制。

5 将烤好的猪柳切片装盘，摆上过了水的小油菜，淋特级初榨橄榄油即可。

西班牙风味烤蔬菜沙拉

烤出来的蔬菜汁用于腌泡可以最大程度调动美味

这是西班牙加泰罗尼亚地区很流行的一道乡土料理。只需将灯笼椒、茄子、洋葱等带皮烤制后，搭配橄榄油和醋的调味汁食用。料理方法虽十分简便，由于蔬菜是带皮烤制的，内部会呈现出干蒸的效果，蔬菜口感绵软，更加香甜。将烤出来的蔬菜汁完全用于腌泡，是这道料理的关键所在。剥皮时流出的汁液凝缩了蔬菜的美味，所以我们将这些汁液收集起来用于腌泡。以蔬菜的原貌端上桌，作为前菜，或是切成小块摆到面包上，都有很好的呈现效果。在有凤尾鱼或是熏三文鱼的情况下，最好搭配红葡萄酒。

材料（准备量）

紫皮茄子…1根（300克）
红灯笼椒…4个
黄灯笼椒…1个
小洋葱…3个
橄榄油…适量
白葡萄酒醋…50毫升
盐…2撮
特级初榨橄榄油…适量
法棍面包…适量
凤尾鱼…适量
熏三文鱼…适量

做法

1 给蔬菜表面涂上一层橄榄油，放入190℃的烤箱中烤制40分钟～1小时。中途应多次翻面，使之受热均匀。

2 由于茄子比较容易熟，应提前取出。为了防止洋葱烤焦，中途需要取出裹上铝箔纸后继续烤制。

3 烤好后剥皮。用滤网将蔬菜的汁液收集到碗中。

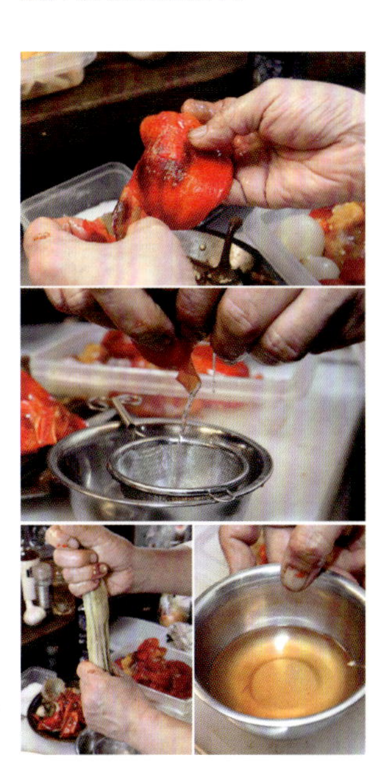

4 开火煮步骤3中的汁液，煮至浓缩一半即可。加入白葡萄酒醋与盐调味，腌泡汁就制成了。

5 将步骤3中剥了皮的蔬菜切成1～2厘米的小丁，浇上步骤4中的腌泡汁，最后淋上特级初榨橄榄油即可。注意，本料理需要冷藏保存。

6 食用前，将步骤5中的食材摆到切片面包上，再依次放上凤尾鱼与熏三文鱼即可。

特色鳕鱼腌

腌泡技巧

除去盐渍鳕鱼干的盐分后再用足量的蔬菜腌泡

两种切法呈现盐渍鳕鱼干的独特口感

这道料理的主角是盐渍鳕鱼干，在西班牙、葡萄牙、意大利等国作为一种传统干货， 经常出现在乡土料理中。由于盐渍后完全干燥，鳕鱼干会呈现出与新鲜鳕鱼不同的口感与味道。这里我们需要使盐渍鳕鱼干的盐分渗出，再与蔬菜混合，搭配番茄一起食用。虽然食材朴素，但切法不同，风味也会改变。为了使盐渍鳕鱼干的盐分更完全渗出，需要进行数日的泡水和换水。所用水以淡盐水为佳，如果用清水，鳕鱼的口感会变差。

材料（准备量）

盐渍鳕鱼…200 克
青椒丝…2 个的量
洋葱丝…1/2 个的量
白葡萄酒醋…100 毫升
盐…少许
大蒜油…少许
特级初榨橄榄油…2 大匙
番茄…2 个
※ 大蒜油
将大蒜粒泡进橄榄油中制成

做法

1 将盐渍鳕鱼干放进淡盐水中泡一晚。第二天换水继续泡。重复此步骤三四天，可以通过尝味道来判断，保证鳕鱼中的大部盐分渗出。

2 将青椒丝、洋葱丝、白葡萄酒醋、盐以及大蒜油混合并充分拌匀。因为鳕鱼中含有盐分，所以这里只需少量盐即可。

3 将盐渍鳕鱼剥皮。将一半量的鳕鱼用叉子撕碎，另外一半切成薄片。这两种不同的处理方法会使鳕鱼口感不同，增添许多乐趣。

4 将步骤 3 中的鳕鱼码入容器，倒入步骤 2 中的腌泡汁，淋上橄榄油，再摆上步骤 2 中的蔬菜，放进冷藏室保存即可。保质期为 1 周。

5 将切法不同的鳕鱼装盘，摆上番茄丁，最后点缀番茄片即可。

香橙南蛮腌白身鱼

传统腌鱼中融入香橙的香甜会更加爽口

油炸之后再用醋腌泡的做法，是日本南蛮腌的起源。为了尽快入味，不论是腌泡食材还是腌泡汁都应以温热的为佳。将刚刚油炸之后的海鲜或是肉类立刻放入沸腾的腌泡汁中，入味更快。这种做法不仅适用于白身鱼、牡蛎、乌贼、虾和章鱼，只要是海鲜都适用。如果是青鱼，在醋的选择上需要注意。因为青鱼腥味较重，所以选用香味醇厚的雪莉酒醋比较合适。除此之外，用红辣椒也可以去腥。香橙的加入会使口感格外清爽，不要只使用果肉部分，表皮部分香味更浓，所以应带皮一起使用。

材料（准备量）

石鲈、金线鱼…共 500 克
盐、白胡椒粉…各适量
低筋面粉…适量
洋葱丝…1/2 个的量
胡萝卜丝…1/2 根的量
白葡萄酒醋…100 毫升
白葡萄酒…100 毫升
油炸专用油（橄榄油）…适量
香橙…1 个

做法

1 将鱼肉切成合适的大小。季节不同鱼的种类也会有所不同，当然，使用青鱼来烹调也是可以的。

2 将洋葱丝和胡萝卜丝放入锅中，加入白葡萄酒醋，白葡萄酒后开火加热。待其沸腾后关火。若使用青鱼，这时要加入雪莉酒醋。

3 给步骤 1 中的鱼肉涂上盐与白胡椒粉，再抹上薄薄一层低筋面粉，放入 180℃的油锅中炸。当油泡变小之后开大火，炸至表皮酥脆。

4 将步骤 2 中的腌泡汁倒入托盘中，挤入香橙汁。然后将刚出锅的炸鱼放进去腌泡。

5 将料理放入保鲜盒，撒上香橙片即可。

绿橄榄腌海鲜

腌泡技巧

绿橄榄制成膏状腌泡料使海鲜味道更加浓郁

新鲜的绿橄榄制成的腌泡料使海鲜香味更加浓郁

腌制海鲜是一道人们熟知的小菜。由于很适合搭配白葡萄酒与起泡葡萄酒，很多餐厅都会将其作为基本菜品提供。将海鲜用醋和橄榄油处理，再用膏状绿橄榄和洋葱腌制，不仅香味浓郁，口感也十分不错。绿橄榄有着和青苹果相似的清爽口感，在这种清爽口感中又包含了橄榄特有的浓郁，十分独特。因为醋会影响菜品的色泽，所以应在最后加入。另外，海鲜烹调过久肉质会发硬，所以在预先处理（长枪乌贼和虾需快速煸炒，水章鱼需焯水）时一定要掌握好火候。

材料（准备量）

长枪乌贼…3 只
红虾…12 只
水章鱼…180 克
绿橄榄…15 颗
特级初榨橄榄油…50 毫升
洋葱…100 克
白葡萄酒醋…100 克
大蒜…1 瓣
大蒜油…适量
香叶…适量
盐…适量
白葡萄酒…适量
特级初榨橄榄油…适量

做法

1 切断长枪乌贼的胴体与触须，处理干净，切成适口的大小。去除红虾的虾壳。将水章鱼也切成适口的大小。

2 制作绿橄榄腌泡汁。取出绿橄榄中的橄榄核，加入橄榄油打碎搅拌成膏状。将洋葱切块，加入白葡萄酒醋和剖开的大蒜，搅拌使其与绿橄榄膏充分混合。

3 将长枪乌贼与红虾分开煸炒。待大蒜油和香叶烧热之后下入长枪乌贼，加入白葡萄酒与盐，变色后盖上锅盖再焖一会。红虾重复同样步骤。

4 将水章鱼用盐水稍微焯一下过滤后放进托盘。加入煸炒过的长枪乌贼与红虾，之后淋上橄榄油。

5 将步骤 2 中的腌泡汁倒入，冷藏条件下可保鲜四五天。

醋腌沙丁鱼

腌泡技巧

醋腌与油浸两个步骤延长食材的保质期

新鲜的沙丁鱼用醋腌泡可促进发酵，鲜香味更浓

醋腌沙丁鱼是西班牙的特色料理。它将新鲜感与熟成感相融，并且随着腌泡时间推移，整体的风味也会变化。在这里请一定选用新鲜的沙丁鱼，否则会产生腥臭味。另外，应以体形较小的黑背沙丁鱼为佳。将沙丁鱼泡进白葡萄酒醋中，直至鱼肉发白后取出，再浸入橄榄油中密封。醋腌与油浸两个步骤，可以延长食材的保质期，在油浸的状态下也可以冷冻保存。装盘时搭配凤尾鱼橄榄作为下酒菜，值得一尝。

材料（1人份）

黑背沙丁鱼…适量
白葡萄酒醋…适量
特级初榨橄榄油…适量
盐…适量

做法

1 将沙丁鱼开膛并用盐水清洗干净。

2 擦干步骤1中沙丁鱼的水分，放进托盘，倒入白葡萄酒醋，腌泡8小时。

3 之后滤出步骤2中的白葡萄酒醋，最后加入橄榄油浸渍即可。注意，需冷藏储存。

西班牙的腌泡料理

西班牙的腌泡料理，不仅可以使肉质变嫩，还可以去除腥臭味。通过用醋腌泡，用油浸渍等方法可以延长食材的保质期。当然也可以通过烤制或是炸制来增香提味。由于这类料理保质期长，经常会被作为常备小菜预先做好。与南蛮腌海鲜、烤蔬菜沙拉一样，都是十分畅快的一道下酒小菜。

西班牙冷汤

腌泡技巧

乳酸发酵
使冷汤层次感
丰富

美味的夏季时蔬令冷汤季节感十足

将时蔬与面包提前用盐水浸泡，是制作西班牙冷汤不可缺少的一步。一整晚的腌泡会促进乳酸发酵，继而带给冷汤丰富的层次感。另外，如果将前一天制作的冷汤与当天制作的冷汤混合，味道会更加浓厚。餐厅使用的是自然生长成熟的番茄，全年上市的大棚番茄由于日照时间不能保证，味道稍显逊色。除了番茄，还需要用到去皮、去子的黄瓜。为了使菜品的色彩搭配与口感更好，应将法棍面包的表皮切掉。虽说是汤类，但只需粗略过滤，有些蔬碎存在，才算正宗的西班牙冷汤。

材料（准备量）

中号番茄…6 个
红灯笼椒…2 个
大蒜…1 棵
洋葱…1/4 个
小黄瓜…2 根
法棍面包…适量
水…500 毫升
白葡萄酒醋…最多 100 毫升
橄榄油…150 毫升
装饰用
黄瓜、番茄、洋葱、法棍面包…
各适量

做法

1 红椒去子，大蒜去皮，黄瓜去皮对半切开并去子，法棍面包切掉表皮。将番茄、红椒、洋葱、黄瓜以及法棍面包都切块。

2 将步骤 1 中处理过的食材放入深口容器内用盐水浸泡，使用木铲稍微搅拌，封上保鲜膜泡一晚。

3 将白葡萄酒醋倒入搅拌机中，再加入 1 大勺步骤 2 中腌泡过的食材，再慢慢加入橄榄油，待其乳化后再继续加入步骤 2 的食材，重复此步骤。

4 将步骤 3 的食材使用研磨机过滤，之后发酵一晚，使之入味。为了保留蔬菜的口感，我们这里使用研磨机而不是滤网。

5 将汤汁盛入碗中，再将切好的黄瓜、番茄、洋葱以及法棍面包分别放在旁边即可

今井寿

爱意 意式餐厅（Taverna I）

油封珍珠鸡

腌泡技巧

蒸制时加入鸡汤让食材更入味

腌泡后冷藏干燥然后烤制

本道菜品选用肉质软嫩、野味十足的珍珠鸡作为主材料。将带皮生姜、洋葱等调味料加进鸡汤中煮沸关火，之后将野鸡放入，利用蒸汽的作用使之顺便入味。温度降低的过程中，生姜、洋葱等调味料的味道可以更好的渗进鸡肉中，同时鸡肉的口感也会更加多汁。放入冷藏室冷藏干燥一晚，肉质会变得紧实，入味也会更加到位。将鸡肉放入低温橄榄油中油封，之后慢慢加热，肉质便会保持香润细嫩。配料的选择上，应以口感清爽的为佳。本道菜中使用了油封苹果，新鲜的桃子和西洋梨也是不错的选择。

材料

带骨的珍珠鸡腿…4 根
盐…鸡肉总质量的 1%
胡椒粉…少许
鸡汤…2 升
洋葱…200 克
生姜…15 克
黑胡椒粒…15 粒
香叶…1 片
纯橄榄油…适量
苹果…适量
迷迭香…1 根
圣女果…1 个
粉红胡椒碎…适量
特级初榨橄榄油…适量

做法

1 给鸡腿肉表面抹上盐和胡椒粉，腌制一晚。

2 将鸡汤倒入锅内，加入洋葱片、生姜片、黑胡椒、香叶以及 40 克盐，开大火煮。

3 煮开后关火，放入步骤 1 中的鸡腿，盖上锅盖闷 30 分钟。

4 取下锅盖，大致晾凉后取出鸡腿，擦干表面的水分。

5 将鸡腿放置于网架上，冷藏一晚使其干燥。

6 给平底锅中倒入较多纯橄榄油，在 160℃的油温下将鸡腿煎制七八分钟，直至表皮焦黄。

7 将去了皮的苹果切块，放入步骤 6 的橄榄油中油封。

8 将鸡腿和苹果装盘，装饰上迷迭香与圣女果，最后撒上粉红胡椒碎，淋上特级初榨橄榄油即可。

意式风干旗鱼

腌泡技巧

盐渍两天后
再用红葡萄酒
腌泡然后晾干

腌泡后风干可以制作出生火腿一样的风味

旗鱼的腥味很重，所以一定要将鱼皮与血合肉（整体颜色不同，呈现较深颜色的暗红色部分，在脊骨周围较多）处理干净。给鱼肉表面抹上盐腌制2天，使其充分脱水，再用红葡萄酒腌泡2天，最后置于冷藏室5天使其干燥。耗时虽长，但操作简便。在用红葡萄酒腌泡时，除了用保鲜膜包裹住容器，还可以用真空包装。咸味的风干旗鱼片搭配柠檬油，温和醇厚，再加入蔬菜丝，口感更加富有层次。

材料（准备量）

旗鱼…1 千克
盐…适量
红葡萄酒…500 毫升
心里美萝卜…适量
菊苣…适量
意大利香芹…适量
柠檬油…适量

做法

1 将旗鱼的鱼皮与血合肉处理干净。给鱼肉表面抹上盐，用保鲜膜包裹，冷藏腌制2天。

2 腌制结束后将盐冲洗干净，擦干表面的水分。

3 将旗鱼放入容器，倒入红葡萄酒，用保鲜膜包裹放入冷藏室腌泡2天。为使其均匀入味，中途应将鱼肉翻面后继续腌泡。

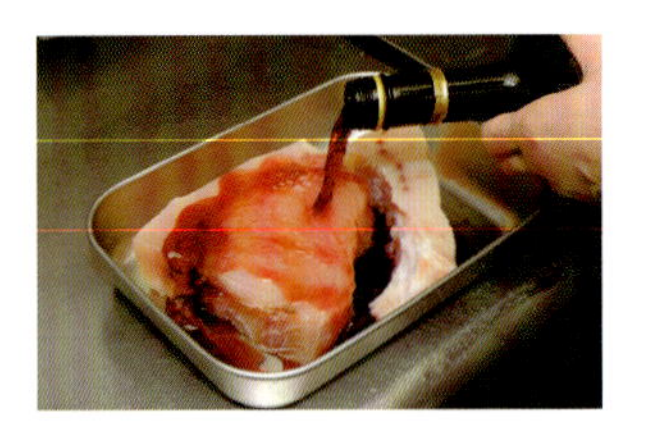

4 擦干鱼肉表面的红葡萄酒，将其放置于网架上，冷藏干燥5天以上。

5 将风干的旗鱼切成薄片，摆盘，装饰上心里美萝卜、菊苣、意大利香芹，最后淋上柠檬油即可。

意式番茄生牛肉

做法

1 牛肉分切成每份 30 克重的小块，用专用工具敲打牛肉。

2 牛肉码入托盘，表面撒盐和胡椒粉，淋白葡萄酒。

3 番茄煮过并去皮，用搅拌机搅碎，加入大蒜末，干牛至草以及橄榄油，混合均匀。

4 将步骤 3 中的材料倒在步骤 2 的牛肉上，用保鲜膜封住，冷藏腌泡三四小时。为入味均匀，每过 1 小时应将牛肉翻一次面。

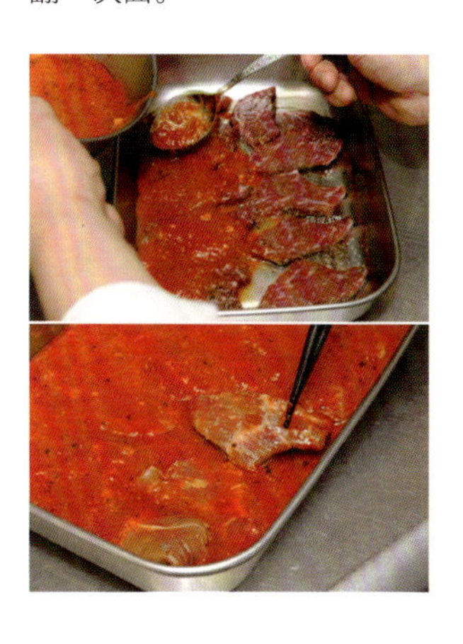

5 腌泡完成的牛肉装盘，浇上腌泡汁。最后撒上碎的意大利奶酪，装饰上圣女果块和薄荷叶即可。

番茄的酸味使腌泡出的肉质更加软嫩

用番茄腌泡生牛肉，做法简便，在意大利等国家很受欢迎。这道菜用到的是没有脂肪的纯瘦肉以及酸味重、水分少的番茄。也可以使用番茄罐头。捶打后的牛肉片肉质更加柔软，之后三四小时的腌泡也会使肉质进一步软嫩。腌泡汁中加入了牛至草，风味独特。本道菜使的意大利奶酪，也可以用马苏里拉奶酪、马士卡彭奶酪等代替。且圣女果可以使整道菜品的口感丰富、回味甘甜，而薄荷叶则使料理口感更加清爽。

材料（准备量）

牛腿肉…360 克
搅碎的番茄…180 毫升
大蒜…1 颗
干牛至草…少许
白葡萄酒…90 毫升
特级初榨橄榄油…30 毫升
意大利奶酪…100 克
薄荷叶…适量
圣女果…适量
盐…适量
胡椒粉…适量

葡萄酒醋腌帕尔马干酪

葡萄酒醋与奶酪碰撞出独特风味

这是一道只需将含水量少的干酪用葡萄酒醋腌泡3～5天即可完成的简单料理，在意大利家庭中广受欢迎。用葡萄酒醋腌泡过的奶酪切片，配上草莓，是作为与红酒搭配的绝佳一品。腌泡过奶酪的葡萄酒醋融合了奶酪的香味，可以制成酱汁搭配炖牛肉。帕尔马干酪与葡萄酒醋的组合，也可以用佩科里诺奶酪与红葡萄酒的组合替代。在葡萄酒醋中加入香橙片或是生姜片，风味会更加特别。

材料（准备量）

帕尔马干酪（块状）…500克
葡萄酒醋…360毫升
草莓…2个
红叶菊苣…适量
薄荷叶…适量
黑胡椒碎…适量
特级初榨橄榄油…适量

做法

1 将帕尔马干酪与葡萄酒醋装入真空包装袋，密封腌泡3天。如果是在容器中腌泡并用保鲜膜包裹，5天为佳。

2 将切片的干酪、草莓与红叶菊苣装盘。撒上黑胡椒碎，淋上特级初榨橄榄油，最后装饰上薄荷叶即可。

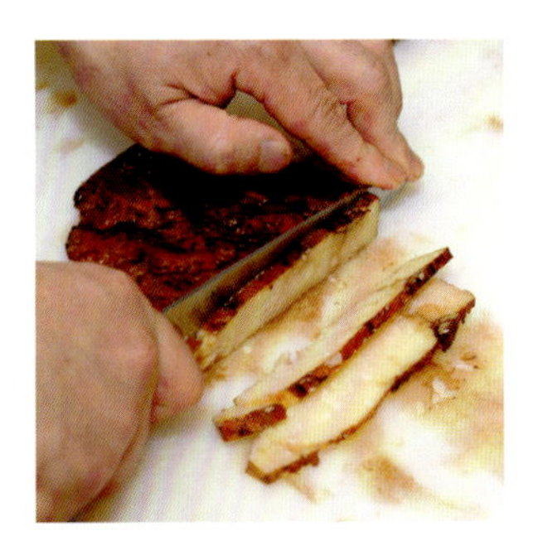

法国芥末腌章鱼

腌泡技巧

将法国芥末的酸味用于腌泡中

做法

1 清理掉章鱼的吸盘与皮，之后切成薄片。

2 将法国芥末、鱼酱、塔巴斯科辣味酱倒入碗中搅拌均匀。

3 将步骤 2 中的材料倒入章鱼薄片中充分混合，之后裹上保鲜膜腌制 20 分钟。

4 取出章鱼薄片，擦干表面的腌泡汁。

5 装盘，摆上圣女果和刺山柑的果实。之后装饰上意大利香芹，淋上特级初榨橄榄油即可。

法国芥末的酸味和鱼酱的咸鲜味使口感更具层次

这道菜品利用带酸味的法国芥末制作出搭配生章鱼的酱汁。章鱼切成薄片，一方面保留口感，另一方面便于更好入味。因为腌泡汁中加入了鱼酱和塔巴斯科辣味酱，整体口感层次多样。腌制时间为 20 分钟左右，不宜太长。法国芥末辣味较淡，也十分有魅力。除了章鱼，使用鰤鱼或是马鲛鱼等白身鱼来制作也可以。因为口感偏酸，推荐作为前菜食用。

材料（1 人份）

北海章鱼…120 克
法国芥末…3 大匙
鱼酱…2 小匙
塔巴斯科辣味酱…5 滴
刺山柑的果实…适量
圣女果…2 个
意大利香芹…适量
特级初榨橄榄油…适量

石崎幸雄

石崎屋意式餐厅（ATELIER GASTRONOMICO DA ISHIZAKI）

自制腊肉汤

腌泡技巧

五花肉用大量盐腌渍会更加美味且百搭

在烹调之前处理干净腊肉表面的盐

本道菜品用到的是通过盐、香草以及香辛料腌过的五花肉，五花肉要腌制到瘦肉部分不透明为佳。这样腌制过的五花肉，香味浓厚，可以用于炖煮料理、汤类料理等多种料理之中。这里我们使用到的是新鲜的香草，脱水的香草香味会偏重。肉类我们一般都会加热食用，但只要将肉挂在通风好温度又合适的地方，经过 3 周左右的发酵，直接食用也是可以的。以这样的五花肉做汤，是广泛流传于罗马的一道传统料理。在汤中加入豆类，或是搭配奶油煎蘑菇，或是与切片松露同食都会十分美味。也可以将过了油的大虾放在碗底，再浇上热乎乎的肉汤。

自制腊肉

材料（准备量）

猪五花肉…4 千克

盐…160 克

香草、香辛料（黑胡椒粒、豆蔻、迷迭香、龙蒿草、百里香、香叶）…合计 160 克

1 准备一个大托盘，保证可以放入整块五花肉。之后将混合的调味料撒一半在托盘底。

2 放入五花肉，要将有脂肪的一面朝上，撒上另一半调味料后揉搓。

3 将五花肉放入冷藏室腌制五六天，待瘦肉部分变得不透明即可食用。

自制腊肉汤

材料（5 人份）

自制腊肉…100 克
洋葱…150 克
肉汤…400 毫升
干面包屑…50 克
帕尔马干酪…50 克
鸡蛋…1 个
盐…适量
胡椒粉…适量
特级初榨橄榄油…适量

做法

1 将腊肉表面多余的盐用厨房用纸擦拭干净（注意，腊肉侧面也会沾上盐，那里也请务必擦拭到），再切成 1 厘米左右的片。

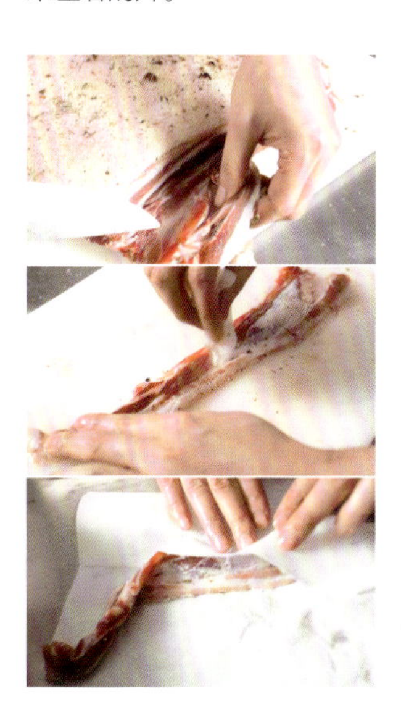

2 之后再将腊肉片切成 2 厘米见方的小片。

3 将橄榄油倒入锅中并加热，煸炒洋葱丝直至变软。之后加入步骤 2 中的腊肉片。

4 充分煸炒之后倒入肉汤，煮三四十分钟。之后用盐与胡椒粉调味。

5 将面包屑倒入碗中，再放入磨碎了的帕尔马干酪，打入鸡蛋，加入胡椒粉，之后搅拌均匀。

6 汤煮好后关火，加入步骤 5 中的食材，用打蛋器搅拌均匀即可。

炖五花肉

腌泡技巧

腌泡汁可用作汤汁也可以制成酱汁

醇香的红酒与腌泡汁碰撞产生美味酱汁

将五花肉用红酒腌泡，再用黄油煸炒，充分调出其香味。混入肉汁的腌泡汁可以用于炖五花肉汤。提前将大块的五花肉炖软，切下所需的量，再次下锅炖。将炖汤倒入搅拌机制成柔滑的酱汁。酱汤因为丰富的蔬菜和五花肉的油脂而变得浓稠，包裹着土豆，美味不言而喻。为了使口感更加浓郁，红酒的应以醇酒为好。

材料（准备量）

五花肉…300 克
胡萝卜…100 克
洋葱…100 克
芹菜…80 克
大蒜…1 瓣
香叶…1 片
红酒…500 毫升
底汤…适量
牛骨汤精华…适量
水煮番茄…100 毫升
土豆…1 个（一盘）
黑胡椒粒…适量
盐…适量
橄榄油…适量

做法

1 将五花肉块切成 10 厘米左右的肉条。

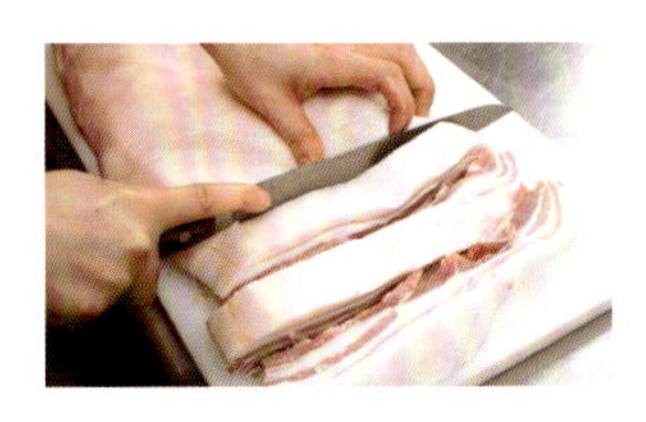

2 将胡萝卜、洋葱、芹菜切碎。再将肉放入大碗中，拌入一半蔬菜丁，按压使肉与菜充分混合。

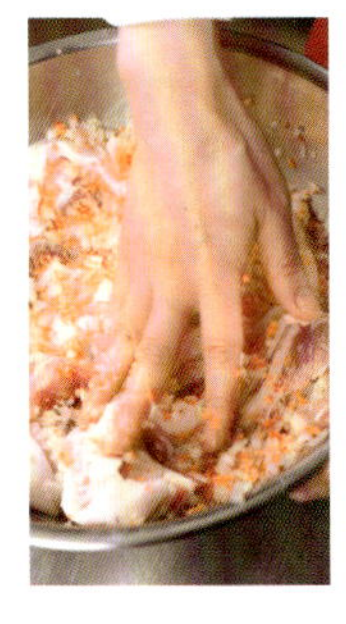

3 加入红酒与香叶，放入冷藏室腌制一天。

4 取出腌制好的五花肉，擦去表面的汤汁。在平底锅中倒入橄榄油，待油热后放入五花肉给表皮上色，注意时间不宜太久。腌泡汁可以在炖汤中继续使用。

5 在平底锅中倒入橄榄油，待油热后翻炒蒜末。炒出香味后，再放入另一半蔬菜丁，充分翻炒，直至炒出甜味与香味。

6 加入已上色的五花肉，再将腌肉汁、底汤、牛骨汤精华和捣烂的水煮番茄倒入锅中，用中火炖二三小时。边炖边撇去浮沫。

7 待肉质变软，加入盐和黑胡椒粒调味。

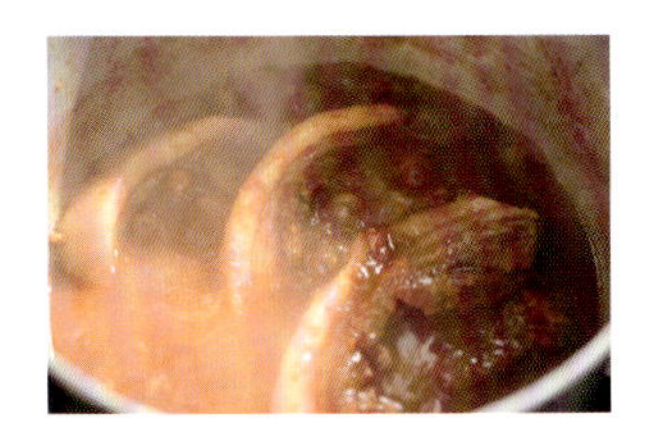

8 取出五花肉，将过滤掉香叶的炖汤倒入搅拌机中搅拌，直至汤汁柔滑又浓稠。

9 将五花肉切成合适的大小，与经过搅拌的汤一起再次下锅。同时加入切块的土豆，小火炖至土豆变软，即可出锅。

红酒炖牛脸肉

腌泡技巧

红葡萄酒与
红葡萄酒酱
两次腌泡

揉捏及腌泡处理都是为了保持肉质的软嫩

本道菜品选用肉质紧实的牛脸肉作为主要食材，采取腌泡之后再炖制的方法来烹调。为了确保在长时间炖制后腌泡的效果不丢失，就需要预先处理牛脸肉。双手揉捏牛肉，像在给牛肉做按摩一样，使纤维变得松散。这样做不仅可以更好入味，还可以保证肉质不会太硬。另外，腌泡分为两个阶段。第一阶段使用红葡萄酒和香味蔬菜腌泡，将洋葱、胡萝卜与大蒜切成不规则形状，再与红葡萄酒一起腌泡牛肉。请注意，大蒜尽可能选择新鲜的，水分饱满，香味也充足。第二阶段是用到第一阶段的腌泡汁，加入番茄罐头、盐与胡椒粉，再加满水，放入牛肉小火炖 9 个小时。炖制完成后，过滤掉汤汁中的迷迭香与香叶，倒入搅拌机中制成酱汁，再腌泡牛肉，使其更加入味。

材料（1 人份）

牛脸肉…4 块（每块 340 克）
盐（圣诞岛产）…适量
黑胡椒粉…适量
大蒜…1 瓣
香叶…二三片
迷迭香…1 根
黑胡椒碎…20 粒的量
胡萝卜…1 根
洋葱…1 个
红葡萄酒…750 毫升
番茄罐头…适量

1 人份
红葡萄酒炖牛脸肉…4 小块
红葡萄酒酱…适量
柠檬片…5 片
黑胡椒…适量
血橙酱…适量
帕尔马干酪…适量
迷迭香…适量

做法

1 将牛肉多余的脂肪处理干净，留下薄薄一层即可。肉筋部分在炖制之后会变软成为胶质，营养丰富。

2 抹上盐与胡椒粉。由于圣诞岛所产盐咸味重，只需牛肉质量的 1% 即可。

3 双手揉捏牛肉，就像在给牛肉做按摩一样，使纤维充分松散。此步骤可以保证在用红葡萄酒腌泡的时候肉质不会发硬。

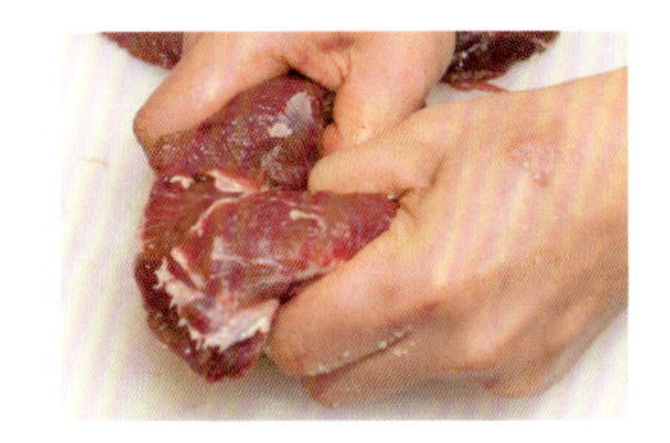

4 将牛肉放入一个较深的容器，倒入红葡萄酒，没过牛肉即可。

5 加入切成不规则形状的大蒜，去皮胡萝卜以及洋葱，将香叶揉碎加入。之后加入迷迭香及黑胡椒碎，腌制一晚。由于腌泡汁还要用来制作酱汁，这里不要使用香味浓烈的香芹。

6 加入番茄罐头、盐与胡椒粉，再加满水放入牛肉小火炖 9 个小时。炖制完成后过滤掉汤汁中的迷迭香与香叶，倒入搅拌机中制成酱汁，再腌泡牛肉使其更加入味。

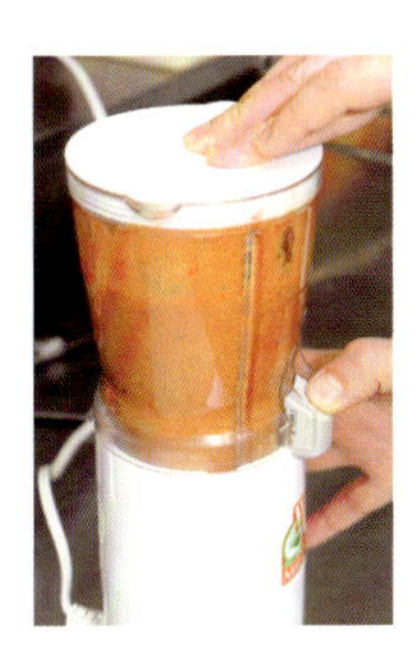

7 食用前只需加热即可。酱汁煮好之后可以稀释牛骨汤精华来调味。

8 将柠檬片摆盘，盛入牛肉，撒上黑胡椒碎，加入血橙酱，最后加入磨碎了的干酪以及迷迭香即可。

带骨乳猪生火腿

真空包装机在四五天内即可完成复杂的传统腌制

通常情况下，火腿需要经过数日的盐渍、数月的干燥和熟成才能完成。现在只要用到带有排氧脱气功能（一种通过调整机内气压使食材内部的水分析出的功能）的真空包装机，在几天内即可完成这些复杂的步骤。将乳猪的带骨腿肉在真空包装内用盐腌制一晚，使其充分入味。之后再重复多次进行排氧脱气，慢慢去除猪腿肉中的水分，最后真空包装发酵二三天即可。在真空包装袋中放入洋葱、柠檬皮、香草等一起腌制也是很好的做法。

材料（准备量）

国产乳猪带骨腿肉…1 根（约 1 千克）
碳酸水…适量
粗盐…猪肉质量的 10%
※ 调和盐…约 100 克
白葡萄酒…适量

※ 调和盐

材料（准备量）

盐…50 克

优质白砂糖…28 克

将盐与白砂糖充分混合即可

1 人份

自制生火腿…5 ~ 6 块

帕尔马干酪…适量

黑胡椒…适量

牛角面包…1/4 个

橄榄油…适量

做法

1 将猪肉的皮及脂肪部分处理干净。

2 去掉猪蹄部分以及根部的骨头，在碳酸水中浸泡 15 分钟，中途翻面。

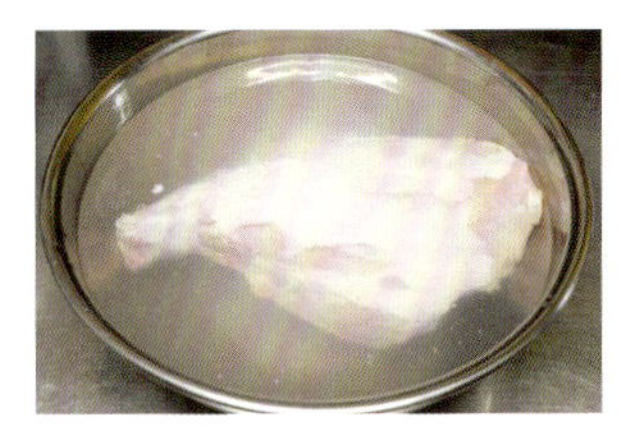

3 取出猪腿肉并擦干水，给表面抹上粗盐，腌制 15 分钟使其入味。

4 倒入水与白葡萄酒，以能闻到白葡萄酒的香气为度。静置 15 分钟。

5 擦干猪腿肉的水分，抹上调和盐，气压调整 80 秒，热封 40 秒，制成真空包装。放入冷藏室腌制一晚。

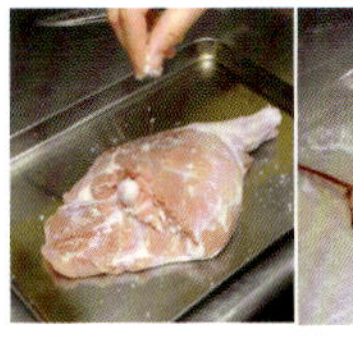

6 第二天，打开真空包装，常温放置 15 分钟。

7 擦干表面水分。用纸巾或是棉纱布包裹猪腿肉放在塑料托盘中，再放进真空包装机里排氧脱气。

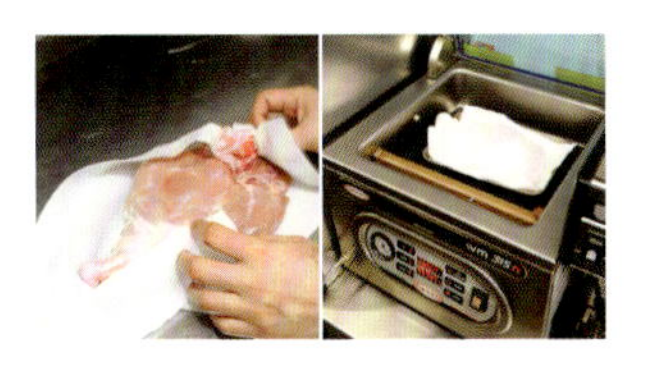

8 排氧脱气除去猪腿肉内的水分后，取下纸巾，擦干表面渗出的水分，静置 15 分钟。

9 不用纸巾包裹再次进行排氧脱气，结束后擦干表面渗出的水分。将此步骤重复三四次。

10 将猪腿肉进行真空包装，放入冷藏室发酵三四天。

11 三四天后取出火腿，切片装盘即可。为保证新鲜度与口感，尽早食用为佳。

精制香煎鸭肉

腌泡技巧

新鲜香草使香气成为亮点

重复“烤制、入味”充分体现腌泡的香味

在鸭肉中融进香草的味道是这道菜的亮点，所以盐的量一定要少。另外，为了保证鸭肉在烤制之后充分体现出腌泡的香味，要和54页中料理步骤一样，将鸭肉揉捏松散之后再煎制。腌泡过的鸭肉比较容易焦。用平底锅煎制过的鸭肉放入270℃的烤箱内烤制40秒，取出后在温度合适的地方放置1分钟，重复10次，使鸭肉慢慢成熟，鸭肉中的水分就不会流失，腌泡的香味也会很好的保存下来。搭配以香草、果肉及红葡萄酒制成的酱汁，在品味鸭肉时，也能享受到香橙以及香草的气味在口中弥漫开来的乐趣。

材料（准备量）

鸭胸肉…2片
盐…少许
黑胡椒碎…适量
鲜牛至草…适量
鲜迷迭香…适量
意大利香芹…适量
柠檬…适量
香橙…适量
橄榄油…适量

1人份
烤鸭胸肉…1/2片
※红葡萄酒酱…适量
香橙片…1片
牛角面包…1/4个
鲜牛至草…适量
鲜迷迭香…适量
鲜百里香…适量
黑胡椒碎…适量

※红葡萄酒酱

材料（准备量）

红葡萄酒…80毫升
洋葱粒…80克
鲜百里香…适量
鲜迷迭香…适量
豆蔻…少许
肉桂…适量
香橙果肉…1个
香橙果汁…40毫升
鸡汤…120克
黄油…30克
盐…适量
胡椒粉…适量

1. 将洋葱粒用黄油（15克）煸炒。之后加入香草、香辛料以及香橙果肉混合。
2. 倒入红葡萄酒，煮至浓缩为一半即可。
3. 加入鸡汤与香橙果汁，再次煮至浓缩为一半。
4. 加入盐与胡椒粉调味，之后过滤。
5. 将过滤后的酱汁加热，最后加入黄油（15克）。

做法

1 剔除鸭胸肉上的筋，切下胸脯肉。

2 将鸭胸肉表面切成格子状。由于要在高温下烤制，最好切得深一些。

3 将鸭胸肉表皮朝上，放在托盘上，撒少许盐，和足量的黑胡椒碎。

4 将鲜牛至草、鲜迷迭香以及意大利香芹弄散，摆在鸭胸肉上。

5 给鸭胸肉周围挤上柠檬汁以及香橙汁，将柠檬片及香橙片摆在鸭胸肉周围。注意不要直接摆在鸭胸肉上，否则肉的颜色会改变。

6 淋上少许橄榄油，盖上保鲜膜，放入冷藏室腌制 4 个半小时。

7 腌制完成后，取掉鸭胸肉表面的香草，之后用手揉捏鸭胸肉。

8 将橄榄油少许倒入平底锅加热。煎制鸭胸肉带皮的一面，并撒上少许盐。

9 放入黄油，待其融化后用勺子舀出，浇在鸭胸肉上，至表皮金黄即可。

10 将鸭胸肉充分煎制之后，取出盛入铁盘中，带皮的一面朝上。之后放入 270℃的烤箱烤制 40 秒。取出后在温度合适的地方放置 1 分钟。此步骤重复 10 次。

11 上桌前将煎制过的鸭胸肉放入烤箱高温加热二三十秒。

12 将鸭胸肉切半，和香草、香橙片以及牛角面包一同摆盘，淋上红葡萄酒酱，最后撒上黑胡椒碎即可。

双腌三文鱼

在三文鱼肉的甜味中融进香草味

腌泡三文鱼是腌泡料理中的代表作。这里采用双重腌泡的做法。第一阶段使用调和盐去除三文鱼的水分，调出三文鱼肉特有的甜味和香味。第二阶段使用香草以及柑橘来腌泡，使香味融入鱼肉中。第一阶段到第二阶段的过程中，需要使用白葡萄酒清洗掉调和盐，注意，如果用水清洗，味道会被破坏。腌泡三文鱼的时候通常会将鱼肉切得稍微厚一些，这样香草及柑橘的香味会更好融入到富有弹性的鱼肉之中。这里介绍的做法也同样适用于大马哈鱼。

材料

挪威产三文鱼…1065 克
粗盐…42.6 克
白砂糖…10.65 克
白胡椒…0.53 克
白葡萄酒…适量
※ 腌泡汁…适量
鲜意大利香芹…适量
鲜百里香…适量
鲜洋苏草…适量
鲜牛至草…适量

1 人份
腌泡三文鱼…4 块
鲜意大利香芹…适量
鲜百里香…适量
鲜洋苏草…适量
鲜牛至草…适量
柠檬…1 瓣
圣女果…1 个
橄榄油…适量

※ 腌泡汁
（500 克三文鱼所需量）
材料
橄榄油…150 毫升
红葡萄酒醋…50 毫升
盐…5 克
优质白砂糖…10 克
黑胡椒碎…适量
柠檬汁…1 个柠檬的量
将所有材料混合。黑胡椒碎以量多为好。

做法

1 将粗盐、白砂糖与白胡椒混合，制成调和盐。

2 将步骤 1 的材料撒到托盘上，放上三文鱼片，之后再抹上调和盐，盖上保鲜膜放入冷藏室腌制一晚。

3 经过 12 个小时的腌制，鱼肉中的水分析出，肉质更加紧实。之后用白葡萄酒清洗鱼肉。

4 将用白葡萄酒清洗过的三文鱼擦干，用纸巾包裹放入冷藏室干燥。干燥之后切成厚片。

5 将保鲜膜铺到托盘底部，倒入少许腌泡汁，码上三文鱼片，撒上鲜意大利香芹、鲜百里香、鲜洋苏草、鲜牛至草。之后盖上一层保鲜膜，再码上三文鱼片，撒上香草。腌泡至少 12 小时。

6 将三文鱼片连同香草一起装盘，摆上柠檬以及圣女果，最后淋上橄榄油即可。

峰义博

本味私厨西班牙风味餐厅（MINE BARU）

西班牙风味烧烤白芦笋

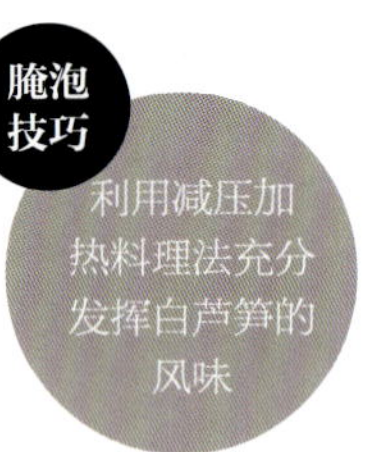

保留白芦笋脆嫩口感的同时充分体现其风味

略苦的味道与脆嫩的口感是白芦笋的魅力所在。为了使口感与香味达到最佳，需使用减压加热料理机预先处理白芦笋。白芦笋皮加入柠檬与香叶煮汤，再用来腌泡白芦笋。减压加热确保了白芦笋脆嫩的口感不被破坏，又能使味道更加浓郁。烤白芦笋搭配曼彻格奶酪、杏仁番茄酱以及辣味面包屑，味道层次更丰富。

材料（准备量）

白芦笋…2 千克
水…2 升
柠檬…1/2 个
香叶…5 片
曼彻格奶酪…适量
※ 杏仁番茄酱…适量
橄榄油…适量
粗盐…适量
黑胡椒碎…适量
辣味面包屑（熏制过的辣椒、大蒜碾碎与面包屑混合即可）…适量

※ 杏仁番茄酱

材料

红椒…2 个
橄榄油…适量
杏仁粉…80 克
纯橄榄油…45 毫升
番茄块…1 个的量
红葡萄酒醋…40 毫升
盐…适量

1. 红椒去蒂去籽，淋上橄榄油，220℃下烤制 15 分钟，待凉。
2. 加热杏仁粉与纯橄榄油，待杏仁粉变色后加入番茄块，水分蒸发后加入红葡萄酒醋去酸。
3. 加入步骤 1 处理好的红椒煮开。用搅拌机搅拌至酱汁柔滑，最后用盐调味即可。

做法

1 白芦笋去皮。

2 将白芦笋皮、柠檬、香叶加水煮30分钟，冷藏保存。

3 将去皮白芦笋放入蒸汽烤箱中，蒸汽模式下处理2分钟，取出后立即放入速冷机中冷却。

4 白芦笋浸泡在白芦笋汤，用减压加热料理机在40℃下减压30分钟，使白芦笋汤沁入白芦笋中。

5 将白芦笋浸泡于白芦笋汤中保存，食用前装盘，加入足量的曼彻格奶酪丝，烤制七八分钟使之上色。

6 浇上杏仁番茄酱，撒上粗盐、黑胡椒碎，淋上橄榄油，再加入辣味面包屑即可。

峰义博主厨独家腌泡技巧——减压加热

使用减压加热的方式制作料理，由于降低了容器内的压力，液体沸点也会随之降低到60℃左右，便于腌泡汁渗透进食材中。10℃～150℃的料理温度，充分体现食材的口感与香味。

1 充分体现出食材自身的香味

白芦笋汤（参照前页）、日本对虾汤、扇贝汤等，都是使用食材自身煮的汤汁来腌泡食材，可以使食材的香味更加浓郁。照片中展示了日本对虾未加工、煮过以及减压加热之后的状态，最下面的对虾虽然经过了减压加热，但是仍保留了对虾的新鲜感。扇贝也是一样。这种料理方法一方面保证了食材的新鲜感以及弹性，另一方面也使食材的香味更浓郁。

2 其他食材的香味也能很好渗透

通过在容器内减压的方法使食材细胞内的压强升高，这样当取出食材恢复到大气压时食材细胞内的空气就会收缩。利用这个原理可以使腌泡汁的风味渗透到食材中。用这个方法，就连不容易入味的食叶蔬菜也会在保证爽脆口感的同时很好的入味。另外，使用减压加热的方法，也能使糖浆的甜香味更好的渗透进水果中。

FMI株式会社生产的减压加热料理机。将食材放进腌泡汁或是酱汁中浸泡，再放入料理中，设定好减压度，加热温度以及时间即可。

三文鱼布丁配塔塔虾贝

腌泡技巧

在提升食材
自身风味的同时也
融合其他食材
浓厚的味道

塔塔虾贝更加衬托出三文鱼布丁的特别

鲜嫩柔滑的三文鱼布丁是店内的招牌料理，要说什么与这道招牌相配，那就是用塔塔酱调味的日本对虾与扇贝了。生鲜状态下很难让三文鱼布丁入味，但如果制成熟食，就会白白浪费了海产品的鲜美。所以在这里我们用海鲜自身的汤汁对其进行腌泡处理，再使用减压加热料理机，在保证对虾及扇贝新鲜度的同时，达到更加入味的效果。处理好对虾和扇贝之后，就可以将软嫩的三文鱼布丁放在上面了。搭配上烘干番茄、野蒜与核桃，不仅口感丰富，味道也会升华。三文鱼布丁用真空包装处理，这样的布丁密度会更大，味道更浓。

材料（1人份）

日本对虾…1只
盐…虾质量的1%
※日本对虾汤…适量
扇贝肉…1个的量
※扇贝汤…适量
烘干番茄丝…适量
野蒜末…适量
核桃粒…适量
熏制橄榄油…适量
覆盆子醋…适量
盐，胡椒…适量
※三文鱼布丁…2块
橙子皮…适量
千日红叶…适量

※日本对虾汤

材料
日本对虾壳…适量
大蒜，洋葱，芹菜，百里香，香叶…各适量
蛋清…适量
水…适量
白兰地，白葡萄酒…各适量

1. 将日本对虾壳放入170℃的烤箱中烤制，使水分蒸发。
2. 再将烤过的虾壳与其他材料一起煮30分钟，之后过滤。

※扇贝汤

材料
扇贝肉…适量
蛤仔…适量
白葡萄酒…适量
水…适量
海带…适量

用白葡萄酒蒸制蛤仔，待其开口后去壳，与水、盐、海带、扇贝肉一起煮汤。

※三文鱼布丁

材料
三文鱼酱…200克
※将三文鱼放入海鲜汤中炖煮，再用料理机搅拌即可。
鸡蛋（中号）…5个
番茄酱…200克
生奶油…200克
盐、白胡椒…各适量

1. 将材料混合制成酱状，真空包装排出空气。
2. 将步骤1的食材倒进深口锅，盖上锅盖，蒸汽模式80℃下蒸制100分钟。

做法

1 剥去对虾的外壳并处理干净内脏。之后浸泡于1%的盐水中真空包装，放入冷藏室冷藏一晚。扇贝肉也是同样处理。

2 取出步骤1中处理好的食材，蒸汽模式100℃下蒸制20秒，调出对虾的甜味。

3 将步骤2中的对虾用对虾汤浸泡，并用减压加热料理机在35℃下处理30分钟。扇贝肉也是同样处理。

4 将步骤3中处理好的对虾与扇贝肉切成合适的大小，加入烘干番茄丝、野蒜末、熏制橄榄油、核桃粒、覆盆子醋、盐以及胡椒，混合均匀。

5 装盘，再将切好的三文鱼布丁放上去，最后装饰上橙子皮以及千日红叶即可。

苹果奶酪沙拉

减压料理法使香草水渗入蔬菜中

本道料理是以苹果蓝奶酪沙拉为基底，加入红菊苣、莴苣等蔬菜制作而成，色彩缤纷，时尚感十足。生的食叶蔬菜不易入味，使用减压加热料理机则可以使香草水迅速渗入蔬菜中。香草水中含有柠檬及迷迭香，清爽宜人，既中和了食叶蔬菜的苦涩，又与沙拉自身风味完美契合。撒上分别磨碎、切片以及稍微烤制过的三种西班牙奶酪，口感丰富，风味独特。

材料（1 人份）

红菊苣…1/4 个
莴苣…1/4 个
菊苣…1/2 个
※ 香草水…适量
苹果块…1/8 个的量
蓝奶酪…适量
野蒜末…适量
※ 法式烧汁…适量
特级初榨橄榄油…适量
西班牙羊奶奶酪…适量
塞拉托米泽尼奶酪…适量
伊迪阿扎巴尔干酪…适量
烤杏仁片、黑胡椒、红胡椒…各适量

※ 香草水
材料
水…适量
柠檬片…适量
迷迭香…适量

※ 法式烧汁
材料
纯橄榄油…400 毫升
白葡萄酒醋…100 毫升
盐…8 克

做法

1 将蔬菜的叶子一片片剥下。

2 柠檬片与迷迭香加水煮，晾凉后即为香草水。

3 将步骤 1 中的蔬菜浸泡于香草水中，使用减压加热料理机，设定温度为 10℃，加工 30 分钟即可。

4 碗中放入蓝奶酪、野蒜末以及法式烧汁，搅拌均匀后加入苹果块，淋入特级初榨橄榄油，拌匀。

5 沥干步骤 3 中蔬菜的水分并将蔬菜切成合适大小，加入法式烧汁，拌匀装盘。

6 将步骤 4 中的食材码在步骤 5 的食材上，撒上西班牙羊奶酪碎、塞拉托米泽尼奶酪片，以及在 150℃烤箱中烤制 30 分钟的伊迪阿扎巴尔干酪。最后撒上烤杏仁片、黑胡椒以及红胡椒即可。

麦秆烧油封马鲛鱼

腌泡技巧

减压加热与油封同时使用

利用油封料理法使马鲛鱼达到半熟，再用麦秆火熏制

油封食品可用减压加热料理机再加工。鱼类在50℃油封状态下减压加工，会产生半熟的口感，相比直接用油炖煮，口感更好。其次，使用麦秆火烤制鱼肉表面，可以去除其腥味。麦秆火与炭火不同，因为有明火，更加适合这里的烤制需求。火燃尽后会产生烟气，利用烟气熏制鱼肉，使鱼肉更具熏香之味。另外，搭配的红椒酱也会成为点睛之笔。

材料（1人份）

马鲛鱼…60克
盐…适量
特级初榨橄榄油…适量
迷迭香…适量
香叶…适量
竹笋…1节
肉汤…适量
洋荷…1/2个
※ 红椒酱…适量
※ 罗勒杏仁酱…适量

※ 红椒酱
材料（准备量）
红椒…2个
橄榄油…适量
将红椒烤黑并去皮，之后加入橄榄油，用料理机打碎，过滤掉粗渣即可。

※ 罗勒杏仁酱
材料（准备量）
罗勒叶…50克
烤杏仁…20克
纯橄榄油…100毫升
将所有材料混合，用料理机搅拌至酱汁柔滑。分装成小份后速冻。使用前解冻即可。

做法

1 将马鲛鱼块用盐水稍加浸泡。

2 擦干水分后放入橄榄油中，加入迷迭香以及香叶，50℃下减压加热30分钟。晾凉后真空包装冷藏保存。

3 为了保留竹笋爽脆的口感，我们用白萝卜汁将其浸泡1个小时左右，再用盐水稍加焯制。将处理过的竹笋泡入肉汤中，在40℃下减压加热30分钟，使之入味。

4 食用前取出马鲛鱼块。在中式炒锅内放上麦秆并点火，火苗蹿上来就会烤到鱼肉表皮。火灭烟起后将鱼肉放入锅内，盖上锅盖熏制。

5 给竹笋与洋荷撒上盐，用橄榄油嫩煎。

6 将步骤4中马鲛鱼块，盛入涂有红椒酱的容器。放入步骤5中的食材，最后淋上罗勒杏仁酱即可。

蜜饯草莓

用糖浆浸泡后减压加热能够保留草莓的新鲜度

蜜饯水果不论如何处理都会产生果酱般的口感。为了保留水果的新鲜感，我们想是否可以利用减压加热的方式使糖浆渗入水果中。在这里向大家介绍一道保留了新鲜感的草莓搭配浓郁奶香冰激凌的料理。将浸泡于糖浆中的草莓减压加热，糖浆的香甜可以完全渗入草莓中，而不破坏草莓原有的酸味及香味。巧克力粉、草莓与冰激凌的组合，让人上瘾。

材料（准备量）

草莓…适量
※ 糖浆…适量
※ 奶糖冰激凌…适量
※ 巧克力粉…适量

※ 糖浆

材料
精制白砂糖…700 克
海藻糖…200 克
白葡萄酒…350 克
覆盆子醋…80 克
柠檬汁…1 个的量
迷迭香…适量
丁香…适量
将所有材料混合煮沸，晾凉即可。

※ 奶糖冰激凌

材料
蛋奶糊
　蛋黄…9 个
　生奶油…300 克
　牛奶…500 克
　精制白砂糖…100 克
奶糖酱
　精制白砂糖…50 克
　水…30 毫升
　橙香白兰地…30 毫升

1. 制作蛋奶糊。将除去蛋黄之外的材料煮开，再加入搅好的蛋黄，搅拌均匀并过滤。
2. 制作奶糖酱。将精制白砂糖放入小锅内加水化开后制成奶糖，之后加入橙香白兰地与水，混合均匀。
3. 将 400 克蛋奶糊与奶糖酱混合均匀，放入冷冻机中使之定型。

4. 之后再使用冷冻粉碎机 2 次，使步骤 3 的材料变成柔滑的冰激凌。

※ 巧克力粉

材料
低筋面粉…30 克
精制白砂糖…30 克
杏仁粉…10 克
黄油…30 克
巧克力…30 克
1. 将所有材料混合，用料理机制成糊状，放入冷藏室冷藏 1 小时。
2. 将步骤 1 的糊铺到烤箱板上，180℃下烤制 20 分钟。
3. 大致晾凉后碾碎即可。

做法

1 将去蒂草莓浸泡在糖浆中，在 15℃下减压加热 30 分钟。

2 将巧克力粉、奶糖冰激凌、糖腌草莓盛出，装盘即可。

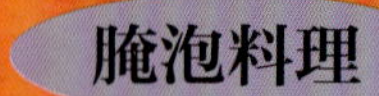

川崎晋二

野毛欧式小酒馆（野毛ビストロ ZIP）

烧烤土豆配腌泡时蔬

用梅酒和苦艾酒烹调出独特的甜味与香味

这里使用的腌泡汁是以白葡萄酒醋、柠檬汁、橄榄油为基础，搭配罗勒和野蒜制成的。梅酒和两种苦艾酒可以调出甜味与香味，并且使口感更加清爽。将扇贝与蔬菜烤制之后浸于其中。扇贝是菜单中的必备选项，全年都能买到。加入西葫芦、红椒、小番茄等应季蔬菜，不仅搭配了色彩，还能够突出料理的季节感。不仅是扇贝类，以白身鱼为主的所有海鲜都可以如此搭配。为了突出扇贝与时蔬，可以将它们切成稍大的块。注意，请使用可生吃的扇贝，大火稍加烤制直至表面焦黄。最后再配上香芹和辣椒粉提味增色即可。

材料（4 人份）

扇贝（可生吃）…12 个
西葫芦片…24 片
彩椒（红，黄）…各 1 个
香芹…1 根
小番茄（红、黄）…各 12 个
※ 腌泡汁…适量
纯橄榄油…适量
盐…适量
特级初榨橄榄油…适量
粉胡椒…适量
莳萝…适量
辣椒粉…适量

※ 腌泡汁

材料（10 人份）
梅酒…40 毫升
诺力帕特牌（Noily Prat Dry）苦艾酒…20 毫升
沁扎诺牌（Cinzano Vermouth Bianco）苦艾酒…20 毫升
白葡萄酒醋…40 毫升
柠檬汁…1 个的量
盐…10 克
纯橄榄油…300 毫升
罗勒…6 片
野蒜…1 个

1. 将罗勒与野蒜切碎。将梅酒及苦艾酒加入，使酒精挥发。
2. 再将步骤 1 中的食材与柠檬汁、盐、纯橄榄油搅拌均匀。

做法

1 扇贝肉与小番茄都对半切开。西葫芦切成厚片。彩椒切成长条状。香芹切成合适的大小。

2 给步骤 1 中准备的食材刷上纯橄榄油烤制，直至表皮焦黄。

3 将步骤 2 的食材浸入腌泡汁中，冷藏半天。

4 腌泡完成后取出装盘，淋上特级初榨橄榄油，撒上胡椒粉，装饰上莳萝、香芹、最后撒入辣椒粉即可。

烧烤白汁红肉

不同的肉使用不同的腌泡方法

四种肉类分别采用不同的方法腌泡，味道丰富。牛蹄筋肉搭配鸡胸肉，再加上牛心和鸡胗，新颖又美味。另外，加入用盐、柚子皮、芥末等制成的创新调味料，风味更加别致。给牛蹄筋肉抹上柚子盐，鸡胸肉抹上芥末盐，之后放入橄榄油中腌泡。鸡胗应该先用岩盐和香草类腌制除去腥味。牛心在低温炖煮后应放入香芹盐腌泡汁中腌泡，可以避免肉质过硬。将处理好的肉类稍加烤制至表面焦黄，再切成合适的大小就可以慢慢品尝了。

材料（1人份）

牛心…30克
鸡胗…30克
牛蹄筋肉…30克
鸡胸肉…30克
纯橄榄油…适量
※腌泡汁…适量
岩盐…适量
干燥香草（香叶、牛至草、洋苏草、罗勒、碎黑胡椒粒）…适量
柚子盐…适量
芥末盐…适量
葡萄酒醋酱（熬煮葡萄酒醋，之后加入橄榄油）…适量
水菜…适量
心里美萝卜…适量
生姜…适量
柠檬…适量
特级初榨橄榄油…适量
粉红胡椒粒…适量
欧芹…适量

※腌泡汁（牛心1千克量）
水…1升
白葡萄酒醋…500毫升
纯橄榄油…20毫升
柠檬汁…20毫升
白砂糖…40克
芹菜盐…20克
胡椒…少许
香芹（含叶子）…1根
柠檬…适量

1. 将香芹、柠檬以外的食材混合。
2. 腌制切好的香芹以及柠檬。

做法

1 将牛心切成大块，在80℃下煮15分钟，捞出后擦干水分放入腌泡汁中，冷藏腌制1天。

2 将鸡胗切成大块。将岩盐和干燥香草混合铺在容器底部，盖上一层厨房用纸，再摆上鸡胗，再盖上一层厨房用纸，最后再铺上岩盐和干燥香草的混合物，放入冷藏室腌制3小时。

3 将牛蹄筋肉处理成棒状，抹上柚子盐，倒入纯橄榄油，放入冷藏室泡3小时。

4 鸡胸肉抹上芥末盐，倒入纯橄榄油，放入冷藏室3小时。

5 将步骤1、2、3、4中的肉类放在网架上大火烧烤，至外焦里嫩。

6 将烤肉稍微晾凉，然后切片。牛心厚5毫米左右，鸡胗厚7毫米左右，牛蹄筋肉厚5毫米左右，鸡胸肉厚7毫米左右。注意，应稍微敲打牛蹄筋肉使其软嫩。

7 将切片的肉装盘。给鸡胸肉撒上芥末盐，给牛蹄筋肉浇上葡萄酒醋酱。装饰上水菜、胡萝卜丝、心里美萝卜、生姜以及柠檬块。最后淋上特级初榨橄榄油，撒上粉红胡椒粒和欧芹即可。

大塚雄平

伊斯特 Y 居酒屋（est Y）

茴香洋甘菊腌三文鱼配甜菜酸奶酱

去除三文鱼的腥味使口感更加清爽

大西洋三文鱼有着与鳟鱼相似的清香。用茴香和洋甘菊腌泡，香味更浓，口感也会更加清爽。将三文鱼自身的味道掩盖住，只留下清爽的香味是关键所在。经过腌泡的三文鱼，不仅保质期更长，香味及鲜味也会更好地渗入，非常受顾客的欢迎。酱汁选用甜菜酸奶酱，只需将煮过的甜菜制成酱状，与酸奶混合即可。

材料（准备量）

大西洋三文鱼…1.2 千克
※ 调和盐…适量
柠檬片…1 个柠檬的量
香橙片…1 个橙子的量
※ 甜菜酸奶酱…适量
※ 洋甘菊精华…适量
黄瓜片…2 片
茴香片…1 片
紫甘蓝丝…适量
紫胡萝卜片…2 片
芜菁片…2 片
蚕豆芽…适量
西蓝花芽…适量
苋菜叶…适量
特级初榨橄榄油…适量

※ 调和盐

材料（准备量）

茴香…20 克

洋甘菊…10 克

岩盐…700 克

白砂糖…1 千克

※ 甜菜酸奶酱

材料

甜菜…1 个

红葡萄酒醋…30 毫升

小茴香…1 撮

蜂蜜…30 克

酸奶…适量

1. 将带皮甜菜放入锅中煮。
2. 将煮好的甜菜、红葡萄酒醋、小茴香、蜂蜜，核桃油倒入搅拌机中搅拌均匀。
3. 将步骤2的材料倒入碗中，加入等量的酸奶搅拌均匀即可。

※ 洋甘菊精华

材料

洋甘菊…2 克

水…50 毫升

柠檬…1/8 个

核桃油…5 毫升

1. 将水烧开，放入洋甘菊煮制。
2. 将步骤 1 中的材料倒入碗中，加入柠檬和核桃油搅拌均匀即可。

做法

1 制作调和盐。将茴香片和洋甘菊大致切碎。如果切得太碎味道会奇怪。

2 将盐和白砂糖放入碗中，加入步骤 1 的材料充分混合。

3 去掉三文鱼的刺，在表皮划开几个切口。

4 给托盘铺上保鲜膜，摆上适量的步骤 2 的材料与香橙片、柠檬片，之后放上三文鱼，有切口的一面朝下，再盖上步骤 2 的材料和香橙片、柠檬片。裹上保鲜膜放入冷藏室腌制 1 ～ 1 天半。

5 洗掉三文鱼表面的盐和白砂糖，再用厨房用纸擦干水分。

6 将三文鱼切成厚 1.5 毫米左右的薄片，装盘。淋上酸奶甜菜酱，摆上紫胡萝卜片和蚕豆芽。

7 加入茴香片、黄瓜片、紫甘蓝、芜菁片、西蓝花芽。再淋上洋甘菊精华。

8 装饰上苋菜叶，淋上特级初榨橄榄油。

9 给三文鱼撒上少许岩盐，再将切好的香橙放到上面即可。

保存注意事项

腌泡完成并用水清洗后，应将茴香、洋甘菊、香橙和柠檬放在三文鱼上再用保鲜膜包裹然后放入冷藏室保存。

柠檬香草腌白芦笋配百香果油醋汁

香草、柠檬与白芦笋的组合，产生 1+1+1 ＞ 3 的效果

白芦笋带来春天的气息。将白芦笋、香草豆与柠檬一起煮，不仅能充分调动柠檬与香草的香味，还能使其与白芦笋特有的味道完美融合。另外，由于加入了香草，白砂糖就不用加太多。白芦笋皮香味独特，用它给腌泡汁增香是很关键的一步。嫩煎鱿鱼须和大虾，加入黄油，浇上百香果，最后点缀上迷迭香花，甜香可口。

材料（1 人份）

白芦笋…3 根
※ 腌泡汁…适量
※ 百香果油醋汁…适量
大虾…4 只
长枪鱿鱼须…2 只的量
橄榄油…适量
黄油…5 克
盐…适量
胡椒…适量
迷迭香花…适量

※ 腌泡汁
材料
水…1.5 升
香草豆荚…1/2 根
柠檬…1/2 个
白砂糖…100 克
盐…8 克

※ 百香果油醋汁
材料（准备量）
百香果原浆…40 毫升
橙汁…20 毫升
特级初榨橄榄油…20 毫升
核桃油…40 毫升
盐…少许
香草豆荚…1/3 根
白葡萄酒醋…15 毫升
白砂糖…40 克
柠檬汁…1/3 个的量
将全部材料混合均匀即可。

做法

1 使用刮皮器将白芦笋根部以上 2/3 的表皮刮去。

2 将 1.5 升的水烧开，加入 8 克盐，再放入白芦笋皮煮制片刻。白芦笋皮带有香味，可以为腌泡汁增香。之后加入柠檬汁和白砂糖。

3 将香草豆荚切开，挤出豆子。再将豆荚与豆子一起放入锅内。

4 捞出白芦笋皮，加入白芦笋。

5 煮至白芦笋变小后关火，自然待凉。

6 盛入盘中，放入冷藏室腌泡一晚。

7 从冷藏室中取出白芦笋，斜切成 3 段。

8 将大虾处理干净。热锅后倒入橄榄油，煸炒大虾和鱿鱼须。加入盐和胡椒调味。

9 加入白芦笋和百香果油醋汁稍微加热，之后加入黄油、盐和胡椒。

10 准备一个较深的容器，装入白芦笋，尖部朝上。之后再盛入大虾和鱿鱼须。

11 浇上百香果油醋汁，最后装饰上迷迭香花即可。

黑岩土鸡鸡胸肉

鲜嫩多汁的土鸡肉腌泡后味道更佳

选用宫崎地区尾铃山放养的黑岩土鸡。这种土鸡属于法系红鸡，肉质不像其他土鸡那样坚硬，而是非常有弹性且鲜嫩多汁。为了更好品尝到这一特点，在烹调时火候一定不能太过。将红葡萄酒醋、酱油、白葡萄酒混合制成腌泡汁，将果汁混合酒制成酱汁搭配也是不错的。黑岩土鸡鸡胸肉脂肪很少，口感细腻。柔软饱满的鸡肉，咬一口香味浓郁、肉汁充足。将红葱直接油炸，搭配上新鲜香甜的番茄片，回味无穷。

材料（1 人份）

黑岩土鸡鸡胸肉…160 克
盐…适量
※ 腌泡汁…适量
红葱丝（直接油炸）…1 根
番茄片…1/2 个的量
野蒜末…少许
柠檬汁…少许
特级初榨橄榄油…适量
葱顶端的花球…适量

※ 腌泡汁

材料
红葡萄酒醋…80 毫升
酱油…80 毫升
白葡萄酒…80 毫升
水…80 毫升
盐…适量
胡椒粉…适量
柠檬…1/3 个
青辣椒…1/2 个

1. 将水、红葡萄酒醋、酱油、白葡萄酒煮制，使酒精挥发。之后用盐及胡椒粉调味。
2. 将步骤 1 的材料倒入容器中，挤入柠檬汁后连同柠檬也一同放入，加入青辣椒。待大致晾凉后放入冷藏室。

做法

1 鸡肉去皮。

2 将鸡胸肉放入 0.5% 的盐水中煮，直至颜色变白。

3 将煮好的鸡胸肉趁热放入冰镇的腌泡汁中。盖上一层厨房用纸，放入冷藏室腌制一晚。

4 将腌制完成的鸡胸肉切成厚度 15 毫米左右的片，装盘。

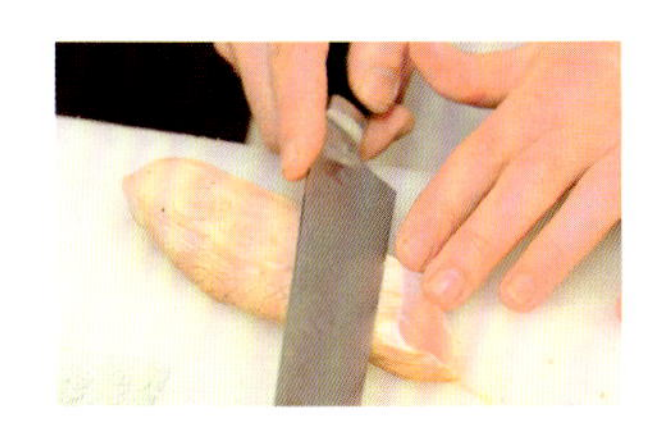

5 摆入番茄片，撒上野蒜末。

6 淋上腌泡汁以及特级初榨橄榄油。

7 盛入炸好的红葱，撒上葱顶端的花球，最后滴上柠檬汁即可

梶村良仁

布拉斯里音乐餐厅（Brasserie La · mujica）

瓦罐薰衣草腌鹅肝搭配贵腐酒冻

干薰衣草和贵腐酒的香味给料理增色

这道料理是将鹅肝在瓦罐中用薰衣草腌泡，再搭配上像蜂蜜一样香甜的索泰尔纳酒冻而成的。以鹅肝为主的料理并不少见，这次我们要突出一个“香”字。香味柔和而持久的薰衣草，虽说渗透性好且百搭，但用量过多则会喧宾夺主，所以在腌泡中应少量使用，装盘后再稍多加点。薰衣草的香味与鹅肝的甜味很好融合，再搭配上名贵的贵腐酒，让人更多一番享受。添上略苦的圆叶玉簪沙拉，使味道更加富于变化。

材料（1 瓦罐的量）

鹅肝…1 千克
盐…13 克
白砂糖…6 克
干薰衣草…3 克
※ 贵腐酒冻…适量
※ 圆叶玉簪沙拉…适量
葡萄…适量
盐之花…适量
干薰衣草…适量

※ 贵腐酒冻
材料（准备量）
贵腐酒…100 克
水…50 克
蜂蜜…10 克
盐…2 克
明胶…5 克
柠檬汁…4 克

※ 圆叶玉簪沙拉
将切成四五厘米大小的圆叶玉簪和嫩菜与油醋汁混合即可。

做法

1 将鹅肝切成两块，用小镊子剔除血管和筋。

2 将盐、白砂糖、干薰衣草混合，涂在步骤 1 处理过的鹅肝上，真空包装，放入冷藏室腌制一晚。

3 取出鹅肝，在 58℃下隔水加热 45 分钟。

4 从真空包装中取出鹅肝，塞入铺了保鲜膜的瓦罐中，放入冷藏室一晚使之定型。

5 制作贵腐酒冻。在贵腐酒里加入水，蜂蜜和盐混合后煮开，再加入明胶，待大致晾凉后加入柠檬汁，待其凝固即可。

6 将瓦罐鹅肝切块装盘，摆上切碎的贵腐酒冻。

7 最后加入圆叶玉簪沙拉、葡萄，撒上盐之花与干薰衣草即可。

嫩煎鹿肉配法式香料面包

红葡萄酒可以使鹿肉更加美味

鹿肉富有野趣。它的瘦肉部分与红葡萄酒是绝配。结实的瘦鹿肉经过红葡萄酒的腌泡，腥臭味消失，香味散发，肉质也更加鲜嫩。使用真空包装腌泡是为了节省腌泡汁，并且酒汁也可以进一步制成酱汁，避免掩盖鹿肉的鲜美。鹿肉搭配融入了蜂蜜与香辛料的法式香料面包，是冬季不可多得的一品野味。甜香的法式香料面包与鹿肉绝妙的搭配，既美观，又口感丰富。

材料（2 人份）

北海道鹿里脊肉…250 克
红葡萄酒…120 毫升
洋葱…20 克
胡萝卜…10 克
香芹…10 克
香叶…1 片
黑胡椒粒…5 ~ 6 粒
盐，黑胡椒粉…各适量
※ 英式沙司酱…适量
※ 香料面包屑…适量
色拉油…适量
※ 红葡萄酒酱…具体用量参照下述
时蔬（青芦笋、蘑菇、嫩玉米等）…适量
盐之花、黑胡椒碎…各适量

※ 英式沙司酱

将小麦粉、鸡蛋与凉水混合均匀即可。

※ 香料面包屑

将大茴香、姜粉和蜂蜜混合，再将烤面包揉成面包屑。待干燥后一起放入料理机中搅拌即可。

※ 红葡萄酒酱

材料
腌泡过鹿肉的腌泡汁…80 克
红葡萄酒醋…8 克
鹿骨、鹿筋与蔬菜碎一起熬制的汤…60 克
玉米淀粉…适量
盐、黑胡椒…各适量
黄油…20 克

做法

1 将鹿里脊肉与红葡萄酒、洋葱、胡萝卜、香芹，香叶、黑胡椒粒一起真空包装，腌制一两个小时。

2 取出腌好的鹿肉，擦干水分，抹上盐和胡椒，加入英式沙司酱，涂满面包屑。

3 给平底锅倒满色拉油，待油热后煎制鹿肉。

4 待鹿肉表皮上色后放入 190℃ 的烤箱中，烤制两三分钟。

5 制作红葡萄酒酱。给腌泡过鹿肉的腌泡汁中加入红葡萄酒醋，煮制剩余 1/6 的量，加入鹿汤，再熬至剩余 1/2 的量。加入玉米淀粉，使汤汁变得浓稠。最后用盐和黑胡椒粉调味，再加入黄油。

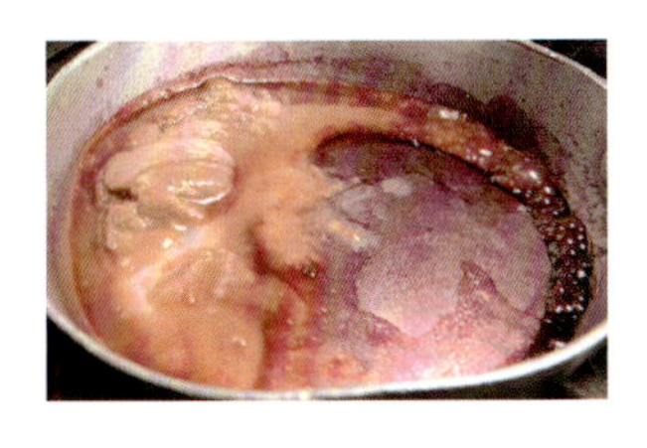

6 将红葡萄酒酱淋到盘底，摆入步骤 3 中烤制完成了的鹿里脊肉和时蔬，最后撒上盐之花和黑胡椒碎即可。

干蒸熏扇贝肉搭配西蓝花酱

熏制香味与香辛料的味道可以激发食欲

熏制香味浓郁的干熏扇贝肉搭配西蓝花酱，口感独特。熏制香味可以激发食欲，可以适量搭配一点酒。因此，应季海鲜常常作为前菜。新鲜的大块扇贝肉，经过冷熏和干熏，彰显海鲜料理的格调。新鲜的扇贝肉，肉质甘甜，在干蒸的时候一定要掌握好火候，表皮上色，内部半熟的状态最好。西蓝花酱在制作时加入奶油与香辛料，注意要保留些许西蓝花的口感。雪莉酒醋比白葡萄酒醋的酸味更浓，也更提味。

材料（1 人份）

扇贝肉（生食专用）…1 千克（4 个）
盐…12 克
白砂糖…3 克
白胡椒粉…1 克
※ 香辣西蓝花酱…适量
色拉油…适量
菊苣…适量

※ 香辣西蓝花酱
西蓝花…40 克
生奶油…30 克
雪莉酒醋…10 克
姜黄粉…适量
辣椒粉
香辛料（丁香、小豆蔻和肉桂混合）…适量
卡宴辣椒粉…适量
圣女果（红、黄）…各一个
黄油…10 克
法式混合香草（新鲜香草研磨混合制成）…适量

做法

1 给扇贝肉抹上盐、白砂糖、白胡椒的混合物，真空包装腌渍一两个小时。

2 将樱木片放入熏制器中，待起烟后放上步骤 1 处理好的扇贝肉，熏制 15 分钟。

3 制作香辣西蓝花酱。将西蓝花分成小棵，用盐水焯一下捞出切碎。给锅里放入生奶油、雪莉酒醋、香辛料和辣椒粉，煮到原来量的 1/4 时，放入西蓝花与圣女果搅拌，再加入黄油与法式混合香草即可。

4 将色拉油倒入平底锅烧热，再将扇贝肉稍加煎烤至表面焦黄。

5 装盘，浇上步骤 3 的香辣西蓝花酱，最后摆上菊苣即可。

香草面包粉嫩煎黑猪排配血橙

腌泡过程中同时低温加热，肉质香嫩，入口即化

香甜的血橙搭配肥美的猪肉，美味自不必说。日本鹿儿岛产的黑猪肉，肥而不腻且没有腥臭味。最好选用猪排，富含优质脂肪，可让人细细品味。带骨猪排外观比较大气，但食用不方便。所以在选料和烹调上都要下功夫，使骨肉容易分离。在真空包装下低温均匀加热，不仅脂肪不会流失，肉质也十分嫩滑。猪肉入口即化，加上些许香草味，定是一番享受。猪排在真空包装加热后渗出的汤汁可以作为酱汁的原料使用。

材料（4人份）

黑猪排…1千克
盐…11克
白砂糖…4克
白胡椒粉…1克
血橙的表皮及薄膜…各适量
英式沙司酱…适量
※ 香草面包粉…适量
※ 芥末酱…记量（见下文）
葡萄酒醋酱…适量
时蔬（油菜、甜豌豆、香菇，嫩玉米）…适量
血橙肉…适量

※ 香草面包粉

给自制面包粉中拌入欧芹

※ 芥末酱

材料
猪排汁…40克
水…40克
法国芥末…30克

做法

1 给黑猪猪排抹上盐、白砂糖和白胡椒粉，再与血橙薄膜一起真空包装，腌制一晚。

2 第二天，将猪排连同真空包装一起放入73℃的水中加热三四个小时。

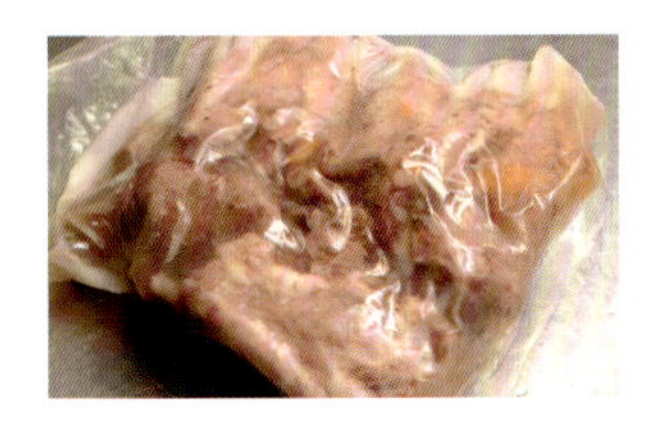

3 从真空包装袋中取出猪排，给单面抹上英式沙司酱和香草面包屑，用平底锅煎制上色后放入190℃的烤箱中烤制10分钟。

4 制作芥末酱。将猪排汁与水混合煮制，关火后加入法国芥末即可。

5 将步骤3处理好的猪排装盘，摆上血橙肉以及时蔬，最后淋上芥末酱和葡萄酒醋酱即可。

黑糖凤梨配黑啤冰激凌与椰奶泡

黑糖腌泡菠萝可以中和黑啤的苦味

这道甜点充满夏日风情。以菠萝为主食材，再将黑啤与冰激凌两种不同颜色的食材混合制成黑啤冰激凌。未经处理的菠萝所以要使用甜味浓厚的黑糖来腌泡，才能中和黑啤的苦味。黑糖与黑啤同为黑色系食材，可以搭配。菠萝的酸甜、黑糖的甘甜再加上黑啤的苦味，风味独特。生奶油口感柔滑，椰奶也为整道甜品带来了热带气息。这是成年人的甜品，加一勺香甜的雪莉酒，味道更加丰富，口感也更醇厚。

材料（4 人份）

菠萝丁…80 克
黑糖…25 克
菠萝薄片…4 片
※ 糖浆…适量
生奶油…适量
甜雪莉酒…1 茶匙
※ 黑啤冰激凌…适量
※ 椰汁泡…适量

※ 糖浆

材料（准备量）
水…100 克
白砂糖…100 克
白葡萄酒醋…15 克
将食材混合煮沸，晾凉即可。

※ 黑啤冰激凌

材料
黑啤…1 升
白砂糖…150 克
水…500 克
柠檬汁…20 克

1. 将黑啤、白砂糖与水混合并加热，在煮沸前从火上取下速冰，保留适量的酒精成分。
2. 加入柠檬汁，搅拌均匀后放入冰激凌机中制成冰激凌即可。

※ 椰奶泡

材料
椰汁…50 克
牛奶…50 克
白砂糖…10 克
卵磷脂…4 克
将所有材料混合煮沸，再使用打泡机打泡即可。

做法

1 切好 1 厘米见方的菠萝丁及菠萝薄片。

2 给菠萝撒上黑糖，腌制 1 小时。

3 将菠萝薄片与糖浆一起真空包装，腌泡 1 小时之后再用 80℃的烤箱烤三四小时使其干燥。

4 将生奶油挤到盘中，淋上甜雪莉酒，放入黑啤冰激凌与椰奶泡，摆上菠萝丁，最后加入步骤 3 中处理过的菠萝薄片和薄荷叶即可。

生拌时蔬沙拉

丰盛的时蔬给人带来满足感

这道沙拉以丰富的时蔬搭配调料汁制成。是在法国非常受欢迎的家常料理。时蔬搭配简单的调味汁直接食用，可以享受其原本的味道。胡萝卜、黄瓜、黑橄榄和香芹都是沙拉中的代表性蔬菜。为了更好品尝到蔬菜的本味，建议调料汁还是简单为好。

材料（准备量）

胡萝卜…300 克
盐…适量
葡萄干…20 克
油醋汁…120 克
葡萄酒醋…10 克
芥末…15 克
橙汁…80 克

黄瓜…300 克
脱水酸奶…50 克
柠檬汁…12 克

香芹…300 克
蛋黄酱…30 克

黑橄榄…300 克
生奶油…30 克
覆盆子醋…12 克

核桃（焙烤品）…适量
欧芹粒…适量
莳萝…适量

做法

1 胡萝卜切丝抹盐，腌制 1 小时使之充分脱水。加入葡糖干、60 克油醋汁、葡萄酒醋和芥末，橙汁煮至原来的 1/4 后加入，搅拌均匀。

2 黄瓜切薄片，抹上少许盐，腌制 1 小时使之充分脱水。加入脱水酸奶（100 克酸奶脱水后得到）和 8 克柠檬汁，搅拌均匀。

3 香芹切丝并抹盐，腌制 1 小时使之充分脱水。加入蛋黄酱、30 克油醋汁和 4 克柠檬汁，搅拌均匀。

4 黑橄榄切块，用盐水焯一下。加入生奶油、30 克油醋汁和覆盆子醋，搅拌均匀。

5 将以上步骤中的食材装盘，最后给胡萝卜撒上核桃，给香芹撒上欧芹粒，给黄瓜撒上莳萝即可。

做法

1 将猪腿肉切成适口的小块，用叉子等在表面扎些小眼，更方便入味。抹上盐，腌制一晚。

2 用水将腌制好的猪肉清洗干净放入锅中，加入盐、白葡萄酒、香味蔬菜以及香草，加水直至没过食材。小火慢炖，将猪肉煮至软烂后关火待凉。

3 沥干猪肉的水分。泡入腌渍用橄榄油和香草中，大约一周即可完成。

4 食用前，将猪肉从橄榄油中取出，加入盐、胡椒以及泡开并用橄榄油煮过的白扁豆，用手抓拌均匀后装盘，摆上紫皮洋葱，撒上欧芹，最后装饰上柠檬即可。

二瓶亮太

雷欧纳意式餐厅（Osteria IL LEONE）

香草油浸猪肉

油浸猪肉带有金枪鱼罐头般柔嫩的口感

这是意大利托斯卡纳州奇安帝地区一道有名的料理。将猪肉盐渍后用白葡萄酒煮，再泡入油中浸渍，一周左右后就可以食用了，口感与金枪鱼罐头极为相似。这样处理后的猪肉保存时间最长，金枪鱼等也可以采用相同的方式处理。这道菜将鲜嫩的猪肉与绵软的白扁豆搭配，制成沙拉。由于猪肉已经非常入味了，只需简单的加入柠檬汁与橄榄油调味即可。由于在用白葡萄酒煮制的时候就加入了的香味蔬菜，橄榄油中也加入了香叶、迷迭香、洋苏等香草，猪肉的腥臭味消失了，只留下浓浓的香味。

材料（准备量）

猪腿肉…2 千克
盐…适量

焯水用
盐…20 克
白葡萄酒…720 毫升
香叶…8 ~ 10 片
洋葱…1 个
胡萝卜…1/2 根
香芹叶、欧芹叶…各适量
水…适量

腌渍用料
特级初榨橄榄油…适量
香叶…适量
迷迭香…适量
洋苏…适量

黑胡椒粒…适量
白扁豆…适量
欧芹…适量
紫皮洋葱丝…适量
柠檬…1/4 个

熏制鸡腿肉

用白扁豆泥腌制后再熏制可以兼具甜味和熏味

白扁豆是意式料理中常用的食材。豆类的香甜让人不禁想将它融到料理中。腌泡时，将白扁豆泥、盐、白砂糖与迷迭香、洋苏等香草混合，在入味的同时去除肉的腥臭味。相比直接熏制，鸡肉的用香甜的白扁豆腌制后，香味和口感都会更浓郁，再搭配意大利小麦粉烤制的面包与意大利蔬菜，整道料理会更加美味。菊苣类蔬菜略苦的味道与熏制后微甜的鸡肉十分协调。

材料

鸡腿肉…1 片
腌制用
白扁豆泥…300 克
盐…50 克
白砂糖…25 克
迷迭香…适量
洋苏…适量
大蒜…适量
菊苣类蔬菜…适量
柠檬汁、盐、橄榄油…各适量
自制面包…适量
欧芹末…适量

做法

1 将鸡腿肉较厚的部分切开，使厚度均等。

2 将白扁豆泥、盐、白砂糖、迷迭香、洋苏和大蒜混合，抹在鸡肉表面，腌制一晚。

3 将腌制好的鸡肉用流水冲泡 30 分钟脱盐，沥干水分后放入冷藏室干燥两三个小时。

4 点燃熏片，将腌好的鸡肉放在网架上，盖上锅盖熏制 5 分钟，再翻面熏制 5 分钟，之后放入 160℃的烤箱中烤制 5 分钟。

5 将熏制好的鸡肉切成适口的大小并装盘，撒上菊苣类蔬菜，摆入面包，淋上柠檬汁与橄榄油，用盐调味，最后撒上欧芹末即可。

蒸星鳗配鲜番茄

※ 鲜番茄酱

材料

番茄…适量

欧芹末…适量

橄榄油…适量

盐，胡椒…各适量

将番茄切碎，与其他材料混合。

做法

1 将星鳗片开，涂上盐、白砂糖、牛肝菌粉、特级初榨橄榄油，放入冷藏室腌制一晚。

2 将腌制完成的星鳗洗净并擦干，摆上大蒜末与欧芹末，淋上橄榄油，裹上铝箔纸后在100℃下蒸制 10 分钟。

3 待蒸好的星鳗冷却，撒上白葡萄酒醋与橄榄油，用保鲜膜密封后放入冷藏室腌制 2~3 小时。

4 将腌制好的星鳗切成适口的大小，按照每份半条的量装盘，浇上鲜番茄酱、葡萄酒酱，撒上牛肝菌粉、欧芹与芝麻菜，最后淋上特级初榨橄榄油即可。

加入牛肝菌，鲜美清淡

本菜品用的是意式料理的蒸制方法。用牛肝菌腌制过的星鳗香味浓郁，与大蒜和香芹一起蒸制，之后再用白葡萄酒醋和橄榄油腌泡，整道料理就大功告成了。星鳗的肥美与牛肝菌的鲜美碰撞，产生非常不错的效果。蒸过的星鳗不仅肉质软嫩，而且去掉了多余的油脂。鲜美清淡的星鳗搭配新鲜的番茄酱，若配上坚果，口感更佳。

材料

星鳗…5 条

盐…5 克

白砂糖…5 克

牛肝菌粉…适量

特级初榨橄榄油…适量

大蒜末…适量

欧芹末…适量

橄榄油…适量

※ 鲜番茄酱…适量

葡萄酒酱…适量

牛肝菌粉…适量

欧芹、芝麻菜…各适量

特级初榨橄榄油…适量

广濑康二

好时小酒馆（Bistro Hutch）

腌樱鳟

腌制去除鱼肉的水分与腥味

这道料理以肉质粉嫩的樱鳟为主角，是只有在樱花盛开的季节才能品尝到的美味。樱鳟肉质肥美、甜鲜味十足，但多少也还带有一些河鱼的腥味，所以，用腌泡来除去鱼肉内的水分与腥味是必不可少的一步。腌泡完成后放入冷藏室使鱼肉表面干燥，这样可以调出鱼肉的鲜味。之后再将鱼肉稍加煎烤，鲜香味就会更加浓郁。作为鲑科鱼的一种，鳟鱼皮还是非常美味的。煎烤的时候稍微压一压，鱼皮酥脆诱人。如果关火后继续用余热焙烤鱼肉，鱼皮的酥脆感会被破坏，所以应将煎烤过的樱鳟立即放入冷藏室，待其变冷后食用。腌制时使用到的是以甘蔗为原料制成的粗糖，与白砂糖或是精制白砂糖相比，粗糖的味道更加醇厚。再搭配上爽口的白奶酪酱、莳萝、细叶芹与柠檬汁，美味不言而喻。

材料（4 人份）

樱鳟…60 克
盐…适量
粗糖…适量
白胡椒碎…适量
法国白奶酪…适量
莳萝…适量
细叶芹…适量
柠檬汁…适量

做法

1 将樱鳟片成 3 片，剔除鱼刺。

2 将片下的鱼肉放到托盘里，抹上盐，鱼肉较厚的部分需多抹一些。之后再抹上粗糖和白胡椒碎，腌制 40 分钟。

3 将腌制后的鱼肉洗净并擦干水分，放入冷藏室干燥至少 1 小时。

4 法国白奶酪磨碎，与莳萝、细叶芹、柠檬汁混合均匀制成白奶酪酱。

5 将步骤 3 处理好的鱼肉切成每份 60 克的条状，用橄榄油煎制有鱼皮的一面，待表皮焦黄，立即放入冷藏室。

6 装盘，添上步骤 4 的白奶酪酱，最后装饰上细叶芹即可。

腌鲱鱼

用醋腌泡软嫩的鲱鱼，不仅可以提味，肉质也会更加紧实

将腌制沙丁鱼的做法用于烹调春季的鲱鱼也是不错的。肉质软嫩的鲱鱼作为春季独有的食材受到许多人的喜爱。选用新鲜鲱鱼，经过盐渍、醋泡和油浸处理，使其充分入味。刚刚腌泡好的鲱鱼固然美味，但若将其放置一段时间，再与白葡萄酒搭配，不论是味道还是口感，都会更有魅力。这道腌鲱鱼是专门配合绿叶沙拉食用的。油浸时为了去除鲱鱼的腥味，放入了莳萝，但效果不是非常理想，所以最后加入了糖腌生姜。将生姜焯三遍水以除去辛辣味，再加入白砂糖与蜂蜜熬煮即可。糖腌生姜恰到好处的辛辣味与甘甜味搭配上鲱鱼刚刚好。

材料（1 人份）

鲱鱼（刺身用）…1/2 条
盐…适量
白葡萄酒醋…适量
橄榄油…适量
莳萝…适量
（最后一步）
绿叶沙拉…适量
油醋汁…适量
洋葱丝…适量
红、黄椒（切成小丁）…适量
嫩菜…适量
糖渍生姜 ※…适量
特级初榨橄榄油…适量

※ 糖腌生姜

材料
生姜…适量
白砂糖…适量
蜂蜜…适量

生姜切成细丝，焯三遍水，加入白砂糖和蜂蜜熬煮，直至水分全部蒸发即可。

做法

1 选用新鲜的鲱鱼，片成 3 片，剔除鱼刺。

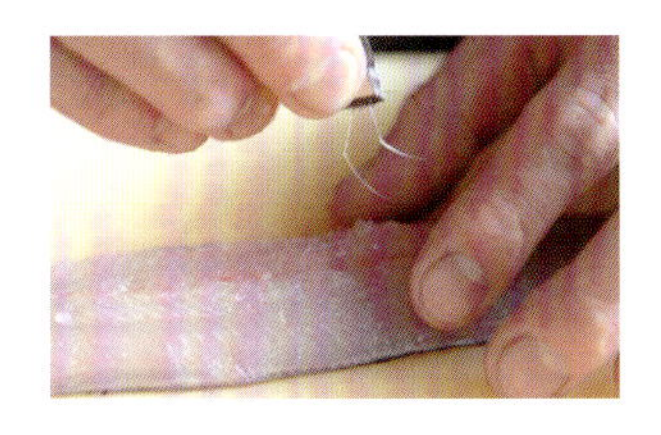

2 给鱼肉抹上盐，腌制 10 分钟后，洗净并擦干。

3 用厨房用纸包裹步骤 2 处理好的鱼肉，淋上白葡萄酒醋，使厨房用纸充分浸湿，静置 10 分钟。

4 待鱼肉变白后取出，撒上一层莳萝，淋上橄榄油，再撒上一层莳萝，油浸两天。

5 将拌入油醋汁的绿叶沙拉装盘，再放入油浸好的鲱鱼，撒上洋葱丝、红黄椒丁、嫩菜、糖渍生姜，最后淋上特级初榨橄榄油即可。

针鱼圆叶玉簪腌

做法

1 将针鱼片成3片，给表面喷洒少许酱油腌制。

2 将白玉簪的根部和叶子分离。将根茎焯水与胡萝卜调料汁混合腌泡。

3 将步骤2处理好的白玉簪装盘，周围摆上针鱼片，最后装饰上白玉簪叶与欧芹即可。

酱油为清淡的针鱼增强味道的整体感

针鱼与圆叶玉簪相融合，朴素却又美味。野生玉簪苦味较重，所以在这里我们选苦味较淡的玉簪。生吃也十分美味的玉簪用来制作沙拉再合适不过了。将玉簪根茎焯水后与胡萝卜调味汁混合，食用方便，口味出众。由于针鱼没有什么腥味，因此直接将酱油喷洒在表面，稍微入味即可。若是味道不足，可以用胡萝卜调料汁来弥补。整道料理色彩明丽，充斥着胡萝卜的甜香，是外观和味道都充满春之气息。

材料

针鱼…3片
玉簪…适量
※胡萝卜调料汁…适量
酱油…适量
欧芹…适量

※胡萝卜调料汁

材料（准备量）
胡萝卜…250克
法国芥末…120克
白葡萄酒醋…150克
盐…14克
调和油（用特级初榨橄榄油与葵花籽油调和而成）…400克
黑胡椒粉…适量

胡萝卜焯水后与其他材料混合，再用搅拌机搅拌均匀即可。

杂腌菌菇

做法

1 将菌菇切成合适的大小。给锅中倒入橄榄油烧热，放入切好的菌菇，加入盐与胡椒，充分煸炒。炒熟后放在过滤网上控油。

2 用调和油煸炒大蒜末，炒香后加入白葡萄酒醋煮至酸味大致消失，之后加入蜂蜜调和。加入盐调味，撒上野蒜末。

3 将步骤 1 的菌菇放入步骤 2 的腌泡汁中搅拌均匀，装盘，撒上香芹碎即可。

食材与腌泡汁一起加热会便于保存

做家常菜时经常会将品种不同的菌类混合在一起烹调。这种料理烹调时间短，也可以预先做好，在工序复杂的料理完成之前先尝为快。菌类经过大火煸炒，腌泡汁充分入味，吃一口便很让人满足。腌泡汁中含有油和醋，再加上大火煸炒，会延长料理的保质期。油用的是橄榄油与葵花子油合成的调和油。只用橄榄油香味过浓，会影响菌类的鲜美。另外，使用微甜的蜂蜜与白葡萄酒醋，使整道料理酸甜可口。野蒜带来爽脆的口感，应在最后加入。

材料（准备量）

口蘑、杏鲍菇、香菇、蘑菇…各 500 克
盐、胡椒粉…各适量
橄榄油…适量
香芹碎…适量

腌泡汁
※ 调和油…150 克
（用特级初榨橄榄油与葵花子油调和而成）
大蒜末…65 克
野蒜末…75 克
白葡萄酒醋…150 克
蜂蜜…100 克
盐…适量

内藤史朗

恩瑟斯法式餐厅（ESSENCE）

特制西班牙冷汤

红绿对比色彩明快活泼

黄瓜冻搭配番茄与红椒，再浇上紫皮洋葱汁制成的西班牙冷汤。充分调动夏季时蔬的风味。鲜艳的色彩和嫩滑的口感，令人们赞叹不已。为了充分展现出蔬菜的风味，只用盐腌制黄瓜，盐与雪莉酒醋腌制红色蔬菜。之后分别用搅拌机搅碎，过滤两遍后取汁液使用。在黄瓜汁液中加入明胶，溶解后立刻用冰水冷却，再慢慢搅拌混合成冻。如果停止搅拌，色素与水分层，颜色就不那么漂亮了。在黄瓜冻上摆放方便食用的新鲜蔬菜，最后浇上红色的果蔬汁，即可享受夏日的清凉。

材料

黄瓜薄片…6 根量
盐…适量
紫皮洋葱薄片、红椒片、番茄块…各适量
雪莉酒醋…适量
明胶…适量
圣女果…适量
红心萝卜、迷你水果萝卜…适量
盐之花、特级初榨橄榄油…各适量

做法

1 给黄瓜薄片撒上少许盐，腌制 1 小时。

2 给番茄、红椒、紫皮洋葱撒上盐和雪莉酒醋，腌制 1 小时。

3 用搅拌机打碎黄瓜，加入少量的水和盐，过滤两次，取 300 克汁液备用。

4 将明胶用水化开，加入少量黄瓜汁液，开火煮至其充分溶解后关火。

5 将剩余的黄瓜汁液与步骤 4 的材料混合，用冰水冷却并搅拌。待混合均匀后再次过滤，装入容器中放入冷藏室使之凝固。

6 将步骤 2 中的材料用搅拌机打碎并过滤，用盐及雪莉酒醋调味。

7 给步骤 5 的凝固好的黄瓜冻上摆上切块圣女果及切成薄片的萝卜，撒上盐之花，淋上特级初榨橄榄油，最后浇上步骤 6 的汁液即可。

烧烤马肉

用红葡萄酒腌泡来提升整体风味

马肉的横膈膜部分由于覆盖了一层脂肪，口感比较软嫩。用红葡萄酒腌泡，不仅可以去除动物的气味，还能够使口感更加清爽。用足量的盐与黑胡椒加入到红葡萄酒中制成腌泡汁，将马肉腌泡半天，之后再用大蒜和黄油嫩煎。将表面煎至焦黄后再使用黄油，可以保证肉质的软嫩程度。酱汁的制作只需要用到红葡萄酒与牛肉汤。腌泡汁由于吸收了肉的腥臭味，不太合适用在酱汁制作中。为了展现出料理的别致，需要用各种颜色的萝卜来搭配。最后淋上胡萝卜酱即可。

材料（1人份）

马横膈膜肉…80克
红葡萄酒…适量
大蒜…适量
盐、黑胡椒…各适量
色拉油…适量
黄油…适量
搭配用萝卜（白萝卜、红萝卜、金时胡萝卜、金美胡萝卜、紫胡萝卜）…适量
※红酒酱汁（熬煮红葡萄酒与牛肉汤）…适量
鸡汤…适量
橄榄油…适量
胡萝卜酱…适量

※胡萝卜酱

将胡萝卜片用黄油煎一下，加入水与盐后用搅拌机打碎，最后加入黄油搅拌均匀即可。

做法

1 将马横膈膜肉切成合适的大小，用红葡萄酒与大蒜腌泡半天。

2 沥干步骤1中的腌泡汁，再给马横膈膜肉抹上盐与黑胡椒。

3 煎锅中倒入色拉油烧热，放入步骤2处理过的马横膈膜肉，将表面煎至焦黄后再加入大蒜与黄油。

4 准备搭配用的萝卜。将萝卜切成圆片。紫胡萝卜需要用红葡萄酒稍加煮制再加入黄油烹调，其他的萝卜用橄榄油与鸡汤煮制即可。

5 盘中淋上胡萝卜酱。将切好的马横膈膜肉与步骤4中的萝卜一起装盘，最后用生胡萝卜片装饰即可。

树莓鹅肝配梅酒

浓香的日本酒搭配酒糟腌泡出独特风味

将鹅肝用日本酒与酒糟分别进行二次腌泡，使酒的风味渗入进鹅肝中，与梅酒更好搭配。这里使用的日本酒、酒糟与梅酒，都是采用生酛酿造法制成的。法国鹅肝品质高，经过绵白糖与日本酒的腌泡，更显品味。日本酒不仅可以入味，还可以杀菌。用保鲜膜包裹鹅肝，放入烤箱烤制后再放入模具中成形。在成形的过程中抹上酒糟，真空包装，呈现为一道甜品。用带有酸味的树莓作为酱汁，最合适不过。

材料

法国产鹅肝…适量
盐…鹅肝质量的 1%
绵白糖…鹅肝质量的 0.5%
日本酒…适量
酒糟…适量
※ 树莓酱…适量
盐之花…适量
法式薄片制成的圆形模具…1 个
※ 梅酒冻…适量
草莓…适量
白萝卜花、芜菁花、芝麻菜花…适量

※ 树莓酱

给树莓果酱中加入绵白糖熬煮

※ 梅酒冻

将梅酒煮沸，加入 2% 的明胶，待其融化后搅拌均匀，待凉成冻即可。

做法

1 将鹅肝中的血管与筋处理干净。

2 在鹅肝中加盐、绵白糖与日本酒，恢复成原状。然后在表面抹上盐，绵白糖与日本酒。

用保鲜膜包裹成型，放入冷藏室腌制 6 小时。

3 将腌制完成的鹅肝码放在托盘上，在 84℃的烤箱中烤制 35 分钟，使鹅肝内部温度达到 45℃。

4 从烤箱中取出鹅肝，大致凉后放入垫有保鲜膜的模具中，再裹上保鲜膜，放入冷藏室半天。

5 打开保鲜膜，涂上少许酒糟，再封上保鲜膜真空包装，放入冷藏室 4 天。

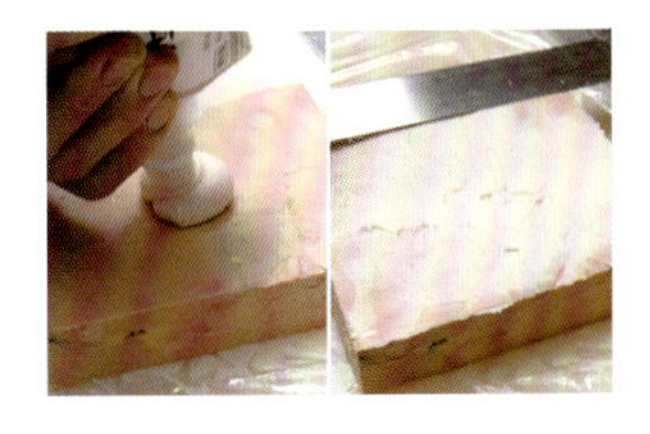

6 在盘底淋上树莓酱，在圆形模具中摆入切成 3 厘米见方的鹅肝，撒入盐之花，装饰梅酒冻与草莓。最后用小花点缀即可。

松皮鲽鱼雪莲果腌

盐水腌泡使白身鱼肉质紧实，充分展现口感与风味

“腌泡”在古老法语里原指“浸泡于海水”（marine）。这道料理借鉴这种方法，用盐水腌泡鱼肉。松皮鲽鱼是刺身中的高档品，通体雪白透亮，肉质细腻紧实。为了保留并突出这些特点，采用白汁红肉的做法最合适。用盐水浸泡过的鲽鱼肉质紧实，突出其特有的口感。滴上白葡萄酒醋煮野蒜，盖上雪莲果片，风味独特，口感丰富。由于鲽鱼与雪莲果颜色都很淡，所以应点缀色彩各异的小花。

材料

松皮鲽鱼…1/2 条
盐水（浓度为 3%）…适量
雪莲果…适量
白葡萄酒醋，水…各适量
盐…适量
特级初榨橄榄油…适量
野蒜末…适量
白萝卜花、芝麻菜花…各适量
盐之花…适量

做法

1 将鲽鱼片下 5 片，去皮后用浓度为 3% 的盐水清洗，再用厨房用纸吸干水分。

2 将雪莲果去皮。将水与白葡萄酒醋等量混合再加入盐，用来腌泡雪莲果。

3 给步骤 1 中的鲽鱼片淋上特级初榨橄榄油，切成薄片。

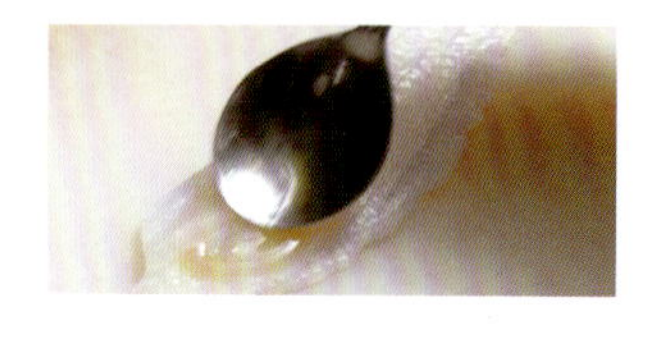

装盘。滴上白葡萄酒醋煮野蒜。

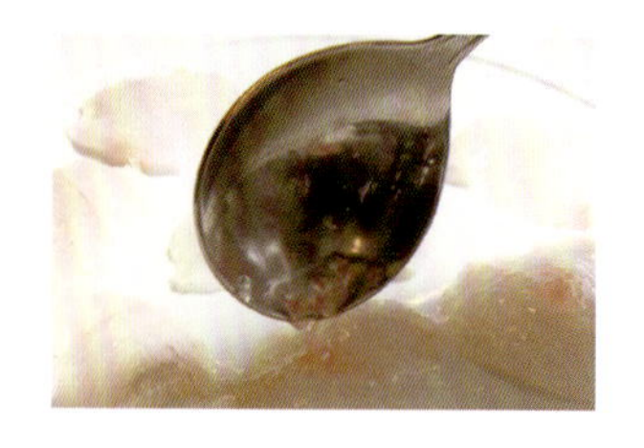

4 撒上白萝卜花和芝麻菜花。将步骤 2 中切成薄片的雪莲果盖到鲽鱼片上，最后撒上盐之花即可。

日本酒蜜腌无花果

材料（准备量）

无花果…2 颗
日本酒（纯米吟酿）…200 克
水…100 克
白砂糖…150 克
香草豆荚…适量
※ 酒糟冰激凌…适量
酒糟慕斯…适量
※ 糖蛋白糕…适量
液氮…适量

※ 酒糟冰激凌

生奶油…150 克

将 100 克牛奶、40 克白砂糖、10 克麦芽糖和 25 克酒糟混合并煮沸，关火后加入 150 克生奶油，用冰激凌机制成冰激凌即可。

※ 酒糟慕斯

将 100 克牛奶、20 克白砂糖和 20 克酒糟混合并煮沸，关火后加入 200 克生奶油，待其冷却后放入发泡器中充气即可。

※ 糖蛋白糕

1. 将 45 克白砂糖加入到 100 克蛋白中打泡，再加入 9 克玉米淀粉。
2. 将步骤 1 的材料装进裱花袋中，挤到托盘上，放入 90℃的烤箱中烤制 3 小时。

冷却的过程即是入味的过程

经过生酛酿造法酿造出的纯米吟酿清酒，酒香悠扬绵长，与无花果的甜香味十分合拍。将无花果连同腌泡汁一起煮沸后，用冰水冷却。也可以加入少许的明胶增加腌泡汁的黏稠度。冷却的过程不仅提高了腌泡汁的浓度，也能让无花果更好入味。腌泡无花果的锅不能太大，最好是能刚好放入两颗无花果。要选择水分少的无花果，水分多的香味会淡很多。装盘时搭配酒糟慕斯和配有液氮的糖蛋白糕。糖蛋白糕含在口中时阵阵烟雾会从口鼻冒出，也是一种视觉享受。

做法

1 将日本酒、水、白砂糖混合，放入无花果后煮沸，去除其涩味后关火。

2 将无花果和腌泡汁倒入碗中用冰水冷却。

3 无花果切块装盘，放入酒糟冰激凌，挤上酒糟慕斯，最后摆入液氮糖蛋白糕即可。

加藤木裕

奥德里斯法式餐厅（Aux Delices de Dodine）

三文鱼配腌甜菜

将腌泡食材处理成几何图案摆盘

甜菜有着鲜艳的紫红色和独特的甘甜味，为了更好的展现出这些特点，可以将其腌泡后搭配腌制三文鱼，制成一道有特色的料理。甜菜虽然可以生吃，但是水分较少、果肉较硬，所以我们将其煮制变软。三文鱼不带脂肪的部分鲜味更足，所以选用没有脂肪的小块肉冷熏后使用。由于甜菜自带甜味，腌泡汁只需用到雪莉酒醋。将淡粉色的奶油与甜菜酱混合，再加入明胶，使之更黏稠。同色系比较好搭配。所以装盘时将甜菜与三文鱼从模具中取出叠放，再如图摆上其他甜菜片。非达奶酪的咸味会为整道料理增色不少。

材料

甜菜…适量
雪莉酒醋…适量
※甜菜奶油…适量
※腌制三文鱼…60克
菲达奶酪…适量
灯鱼…适量
旋涡甜菜、黄甜菜、甜菜…各适量
油煎面包碎、小葱末、莳萝、甜菜叶、红菜头、苋菜…各适量
特级初榨橄榄油…适量

※ 甜菜奶油

材料（准备量）
腌甜菜…100克
生奶油…300克
明胶…3克
盐…少许

※ 腌制三文鱼

材料
三文鱼鱼肉…适量
盐…适量
白胡椒粉…适量
白砂糖…适量
三文鱼选用没有脂肪的小块肉。抹上盐、白胡椒粉与白砂糖，腌制1天。
为了去除水分，再干燥1天。之后用樱木片冷熏2小时即可。

做法

1 制作腌甜菜。将甜菜去皮切片，稍加煮制后放入雪莉酒醋中腌泡1天。

2 制作甜菜奶油。将腌泡好的甜菜用搅拌机打成果酱，加热后放入明胶，融化晾凉后再加入打泡生奶油搅拌均匀，用盐调味即可。

3 将腌甜菜片叠放四五片，用模具刻圆。

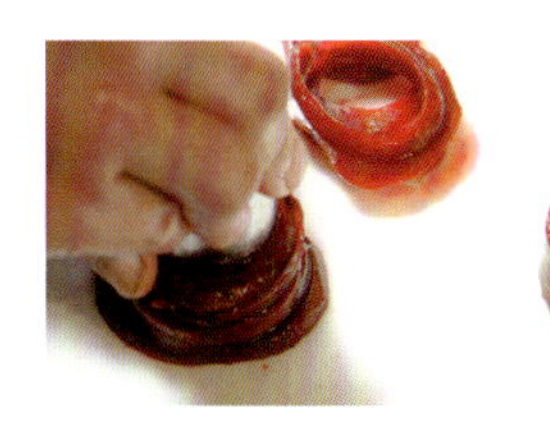

4 将腌制三文鱼切成两三厘米见方的小丁。将菲达奶酪切丁。

5 将新鲜的3种甜菜切成薄片。

6 给盘中铺上一层甜菜奶油，盛入腌甜菜与腌三文鱼，再撒上菲达奶酪丁与灯鱼。最后装饰上油煎面包碎、小葱末、莳萝等，淋上特级初榨橄榄油即可。

红酒腌鹿肉

盐渍、干燥、红酒腌打造浓厚口感

为了充分体现出鹿肉的风味，需要用盐渍的方式进行处理。盐渍后再适当脱盐，之后在冷藏室中干燥，最后用红葡萄酒腌泡一天即可。过于干燥会导致肉质没有弹性，所以干燥的时间以半天为佳。用红葡萄酒煮过的鹿肉香味也会更浓。由于鹿肉没有什么腥臭味，这样的方法能很容易调出野生鹿肉特殊的香味，若是与面包同食，更能品尝到这种浓厚的味道。搭配上切片蘑菇来中和味道，再加添上绿橄榄刺山柑酱以及核桃，配上面包即可。

材料

北海道产鹿里脊肉…1千克
盐…60克
红葡萄酒…750毫升
洋葱丝…1/2个的量
胡萝卜丝…1/2根的量
特级初榨橄榄油、粗磨胡椒…各适量
口蘑片…2个的量
绿橄榄刺山柑酱…适量
绿橄榄片…适量
水煮蛋、核桃、小黄瓜、刺山柑、欧芹碎…各适量
帕尔马干酪…适量

做法

1 给鹿里脊肉抹上盐，放入冷藏室腌制一天。之后用流动水冲洗干净表面的盐，再擦干，放入冷藏室干燥半天。

2 将红葡萄酒、洋葱、胡萝卜放入锅中煮，待汤汁收至原来的一半，过滤待凉。

3 将步骤1中的鹿肉泡入步骤2的汤汁中，腌泡一天。

4 将腌泡好的鹿肉切成薄片装盘，淋上特级初榨橄榄油，撒上粗磨胡椒。

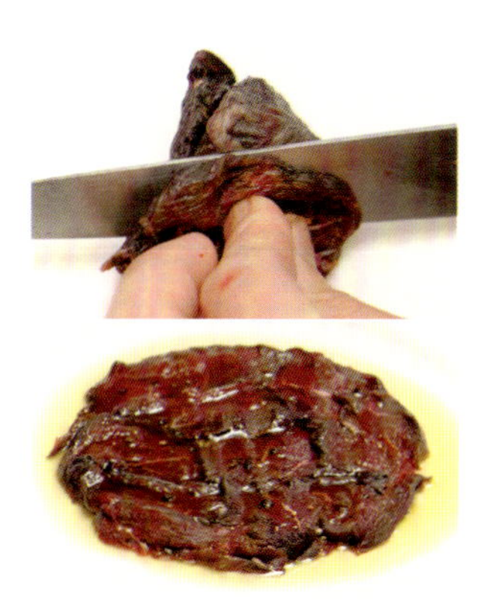

5 将口蘑片码到步骤4的鹿肉片上，再添上绿橄榄刺山柑酱、绿橄榄片、水煮蛋、核桃碎、小黄瓜、刺山柑。撒上欧芹碎，擦入帕尔马干酪即可。

腌长枪鱿鱼配烤西葫芦

西葫芦与冷热腌泡的奇妙碰撞

温热的食材与冰冷的食材搭配，可能会产生奇妙的效果，于是就有了在烤西葫芦上交替码放热腌长枪鱿鱼与冷腌沙丁鱼这种创意。用香草油将长枪鱿鱼稍加煸炒，若加入用雪莉酒醋和香草油腌泡过的彩椒一起煸炒，香味更佳。将沙丁鱼腌泡过后冷熏，再放入橄榄油中浸泡。这样处理过的食材温度不同，香味也各异，相得益彰。最后将热腌长枪鱿鱼与冷腌沙丁鱼交替码放在烤西葫芦上，便可大饱口福了。

材料（1人份）

西葫芦…1/2根
橄榄油…适量
长枪鱿鱼…1/3只
盐…适量
※腌彩椒…适量
扁豆（盐水煮过）…适量
※香草油…适量
※腌沙丁鱼…适量
希腊橄榄酱…适量

※ 腌彩椒

材料
彩椒…适量
※香草油…适量
雪莉酒醋 …适量
将彩椒用火烤后剥皮，之后泡入香草油和雪莉酒醋的混合汁中腌制。

※ 香草油

材料
带皮大蒜、迷迭香、朝天椒…各适量
特级初榨橄榄油…适量
给带皮大蒜、迷迭香、朝天椒中加入特级初榨橄榄油，熬煮2小时。

※ 腌沙丁鱼

材料
沙丁鱼…适量
盐、胡椒、白砂糖
…各适量
特级初榨橄榄油…适量
将沙丁鱼片下3片，撒上盐、胡椒与白砂糖，腌制2小时后冷熏。之后倒入特级初榨橄榄油腌泡。

做法

1 将西葫芦竖切成2厘米左右的厚片，边涂抹上橄榄油边烤制。

2 将红葡萄酒、洋葱、胡萝卜放入锅中煮，待汤汁收至原来的一半，过滤待凉。

3 将香草油倒入平底锅加热，放入切好的扁豆与腌好的彩椒煸炒，再加入步骤2中的鱿鱼一起稍加煸炒后取出，淋上香草油。

4 将希腊橄榄酱铺在盘底，放上烤西葫芦，最后摆上步骤3中的长枪鱿鱼和切好的腌沙丁鱼即可。

法式山鸡彩椒腌

香料的辛辣遇上鲜橙的酸甜，风味清爽独特

这道料理选用鸡腿肉、彩椒、洋葱搭配香橙与葡萄干制成。整体香辣而甘甜，是一道十分适合夏天的爽口料理，搭配葡萄酒也非常不错大量使用嫩菜与薄荷叶，使整道料理趋向于沙拉。香辛料用的是香菜、茴香与卡宴辣椒的混合物，辣椒的味道不要太重。鸡肉选用脂肪少、口感清爽的鸡胸肉。用凉的肉汤去除鸡肉的腥臭味，再与彩椒混合。加入坚果也能使口感更好。

材料（准备量）

山鸡的鸡胸肉…4片
盐…适量
香辛料（香菜粉、茴香粉、卡宴辣椒）…适量
百里香、香叶…各适量
凉肉汤…适量
红、黄、绿彩椒…各3个
洋葱…1个
香橙…3个
葡萄干…50克
※油醋汁…记量见下文
榛子…适量
薄荷叶/嫩菜…适量
※油醋汁…适量

※ 油醋汁
材料
白葡萄酒醋…100克
芥末…30克
洋葱…1/4个
特级初榨橄榄油…350克
盐…8 克

做法

1 将鸡胸肉与香辛料、百里香、香叶混合腌制 1 晚。

2 将步骤 1 中处理好的鸡肉用凉肉汤炖煮，待凉后切丝。

3 彩椒与洋葱切丝，香橙剥出果肉。

4 将油醋汁的材料混合，用搅拌机打碎搅拌均匀。

5 将步骤 2 与步骤 3 的食材混合，加入葡萄干，倒入油醋汁混合均匀，装入容器中放入冷藏室腌泡。

6 将模具放在盘中，装满步骤 5 中的食材，取下模具，撒上榛子，拌入薄荷叶或是嫩菜，倒入油醋汁即可。

希腊风味蔬菜腌

腌制的同时加热食材，希腊风格十足

将整粒香菜籽放入腌泡汁中，咬碎的瞬间，香味迸发。这香味正是希腊风味料理的显著特点。在以鸡汤为基础的腌泡汁中加入番茄酱、根菜与果蔬，熬煮腌泡汁，要掌握好火候，将切好的蔬菜加热到保留其口感即可，这样腌泡出来的蔬菜更入味。无论作为热菜还是凉菜食用都十分美味，作为前菜或是与肉类料理搭配都是不错的选择。

材料（准备量）

胡萝卜…适量
小洋葱…适量
西葫芦…适量
芜菁…适量
香菇…适量
茄子…适量
橄榄油…50毫升
大蒜…1瓣
卡宴辣椒…1根
白葡萄酒…200毫升
鸡汤…350毫升
番茄酱…20克
香菜籽…适量
野苣、苋菜、莳萝…各适量
香菜粉…适量

做法

1 蔬菜切成大块。

2 给锅里倒入橄榄油，放入大蒜和卡宴辣椒，开火，炒出香味后倒入白葡萄酒，煮至原来量的 1/3，再加入鸡汤，番茄酱以及香菜籽，继续煮。

3 煮至原来一半的量后加入步骤 1 中的蔬菜。掌握好火候，煮好后待凉，装入容器中冷藏保存。

4 装盘，装饰上野苣、苋菜以及莳萝，最后撒上香菜粉即可。

海鲜聚会腌

做法

1 准备处理好的长枪鱿鱼，将鱿鱼身切成环状，将鱿鱼须切成合适的大小，稍微焯水。将海螺、天使虾与扇贝也分别焯水。

2 将海鲜腌泡汁的材料混合并加热，煮沸后待凉。泡入处理好的海鲜，放入冷藏室腌泡1天。

3 将芜菁、白萝卜、心里美萝卜、胡萝卜分别切成薄片，蘑菇对半切开。

4 将蔬菜腌泡汁的材料混合并加热，煮沸后待凉。泡入处理好的蔬菜，放入冷藏室腌泡1天。

5 装盘，装饰上苋菜叶即可。

腌泡后的海鲜与蔬菜各有特色

将腌制过的长枪鱿鱼、扇贝、大虾等海鲜与腌制过的芜菁、白萝卜等根菜搭配，是一道丰盛的腌泡料理。食材如此丰富，如果使用同样的腌泡汁，味道则会显得平淡，所以应将海鲜与蔬菜分别腌泡，使味道有明显不同。不同的味道相遇碰撞，又会产生新的味道。用覆盆子醋腌泡海鲜，使香味充分渗透。如果放入冷藏室一天，则会稍稍发酵，香味更浓。蔬菜则用香菜与大蒜以及带有甜味的食材来腌制。

材料（1人份）

腌海鲜
长枪鱿鱼…1/3只
海螺…2个
天使虾…2只
扇贝…2个
※海鲜腌泡汁…适量

腌蔬菜
芜菁…适量
白萝卜…适量
心里美萝卜…适量
胡萝卜…适量
蘑菇…适量
※蔬菜腌泡汁…适量
苋菜叶…适量

※ 海鲜腌泡汁
材料
色拉油…350毫升
覆盆子醋…50毫升
白葡萄酒醋…100毫升
白砂糖…16克
盐…8克

※ 蔬菜腌泡汁
材料
大蒜…1头
橄榄油…200毫升
白葡萄酒醋…100毫升
水…400毫升
香菜籽…50克
白砂糖…100克
盐…15克

中田耕一郎

新概念日式法餐厅（Le japon）

腌泡番茄配罗勒冰激凌

用白葡萄酒腌泡过的番茄与冰激凌更好搭配

番茄、马士卡彭奶酪与罗勒的组合，经常作为前菜使用。这道菜的定位是一品爽口的甜点。将水果番茄用白葡萄酒腌泡，高雅别致。白葡萄酒酸甜可口，用来腌泡番茄最合适不过了。将番茄冻、马士卡彭奶酪与罗勒冰激凌搭配，整道甜点就完成了。口感清爽的马士卡彭奶酪盐分和酸味较少，若是与含盐或是带有香气的食材搭配，美味会更胜一筹，所以最好搭配番茄冻与罗勒冰激凌。

材料（4 人份）

水果番茄…8个
白葡萄酒…300毫升
水…150毫升
白砂糖…80克
柠檬汁…适量
※罗勒冰激凌…适量
糖浆…200毫升
明胶…3克
薄荷叶…适量

※ 罗勒冰激凌

材料（准备量）
罗勒…1束
牛奶…25毫升
白砂糖…15克
蜂蜜…20克
马士卡彭奶酪…100克
酸奶…75克

1. 将马士卡彭奶酪放入碗中待恢复室温。
2. 取下罗勒叶，稍加焯水。
3. 给搅拌机中放入步骤2中的食材与牛奶、白砂糖、蜂蜜以及酸奶，充分搅拌。
4. 加入马士卡彭奶酪再充分搅拌。
5. 倒入托盘，放入冷藏室使其凝固。使用料理机充分搅拌，再冷藏使其凝固即可。

做法

1 将番茄过水后剥皮。

2 给锅中倒入白葡萄酒、水以及白砂糖，煮开后关火。

3 将步骤 1 中的番茄放入步骤 2 的材料中，用冰水大致冷却后装入容器，加入柠檬汁，放入冷藏室腌泡 1 晚。

4 取 200 毫升腌泡后的糖浆液倒入锅中加热，再倒入用水化开的明胶，搅拌均匀后倒入碗中用冰水冷却，制成果冻。

5 将腌泡好的番茄切开装盘。将果冻切碎盛入。放入冰激凌，最后点缀上薄荷叶即可。

鰤鱼熏海带沙拉

味道与香气加强腌泡的效果

将海带用于腌制，不仅可以使海带中的盐分渗透进鲕鱼中，口感上也会更加黏稠。谷氨酸是海带鲜味的来源，通过腌制，谷氨酸进入鲕鱼，会产生出一种浓厚的味道。另外，熏制的海带又能带来一种不同的风味，使人印象深刻。熏制鲕鱼的同时要加上蛋黄，之后将蛋黄切碎码在鲕鱼上。挤上爽口的柠檬汁，放上切好的番茄，淋上橄榄油即可。为了突出鲕鱼的美味，配菜及料理方法都应以简单为好。

材料（1人份）

鲕鱼…6块（厚度1.5～2厘米）
盐…适量
海带…4片
食醋…适量
酒…适量
熏片…适量
水煮蛋蛋黄…1个
刺山柑…15克
番茄…1个
橄榄油…50毫升
柠檬…1个
细叶芹…适量

做法

1 将鲕鱼处理干净，片成6片，抹上盐。放入冷藏室腌制30分钟。

2 将鲕鱼从冰箱取出用冰水洗净。再用厨房用纸擦干。

3 海带上洒食醋与酒，稍加腌制。

4 给炒锅铺上铝箔纸，放上熏片，搭上网架，将步骤3处理过的海带和蛋黄放到网架上，盖上盖子，用中火熏制10分钟。

5 给步骤4熏好的海带上码上切片的鲕鱼。放入冷藏室腌制1分钟。

6 给柠檬去皮。将一半的柠檬皮切丝，焯水。之后放入锅中，倒入橄榄油，小火稍加煮制。将刺山柑切好。将番茄以及蛋黄切成3毫米见方的小粒。

7 将鲕鱼装盘。中间撒上步骤6中的番茄、蛋黄以及刺山柑，挤入柠檬汁，撒上柠檬皮。加入盐，最后装饰上细叶芹即可。

意式浓咖啡搭配香辛料用于腌泡

这道料理使用焙烤后带有炭火味的咖啡豆磨出的意式浓咖啡腌泡鸭肉。浓咖啡与香辛料搭配使用，会产生炭烧的感觉。经过腌泡的鸭肉，口感嫩滑，并且吸收了咖啡的香气。巧克力酱与鸭肉和咖啡都很搭。鸭肉料理一定要与红葡萄酒、葡萄酒醋以及牛骨汤制作的酱汁同食，与黑巧克力和咖啡碰撞出独特风味。配菜选择迷迭香嫩煎胡萝卜以及土豆。

材料（4人份）

鸭胸肉…1份
※咖啡腌泡汁…100毫升
※黑巧克力酱…适量
新土豆…8个
胡萝卜…1根
迷迭香…适量
盐…适量
黑胡椒粒…适量
猪油…适量
色拉油…适量

※ 咖啡腌泡汁

材料
咖啡…100毫升
白砂糖…5克
盐…2.5克

1. 将所有材料混合均匀。

※ 黑巧克力酱

材料
红葡萄酒…100毫升
葡萄酒醋…15毫升
牛骨汤…150毫升
黑巧克力…4克
咖啡粉…少许

1. 向锅中倒入葡萄酒醋，熬煮至酱状，再加入红葡萄酒，熬煮至酱状。
2. 加入牛骨汤，熬煮至原来量的1/2。
3. 放入黑巧克力和咖啡粉即可。

做法

1 将鸭胸肉有脂肪的一面切出格纹。

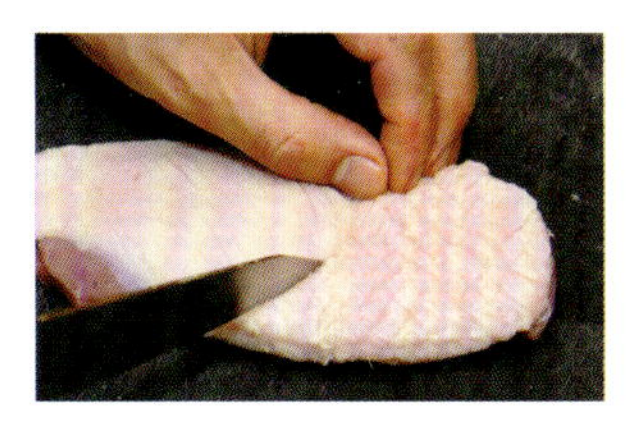

2 抹上盐与胡椒，将切上格纹的一面用小火煎制，待其上色即可。

3 待鸭肉大致晾凉后，浇上咖啡腌泡汁，真空包装，放入冷藏室腌泡一晚。

4 腌泡好后，将鸭肉连真空包装袋一起在60℃左右隔水加热15分钟。

5 制作配菜。将新土豆带皮切成适口的大小。将胡萝卜去皮，也切成适口的大小。

6 将切好的新土豆用迷迭香、盐、黑胡椒粒腌制1小时。擦去表面的盐，将猪油与色拉油1 ∶ 1的比例混合，浸泡新土豆。

7 将步骤4中的鸭肉从真空包装袋中取出，稍微煎制。将步骤6中的新土豆以及步骤5中的胡萝卜也稍微煎制一下。

8 将鸭肉切好装盘。摆上步骤7中的新土豆和胡萝卜，浇上黑巧克力酱，撒上咖啡粉即可。

吉冈庆笃

摩登艺术法式餐厅（l'art et la manière）

香烤牛柳配烘焙酒

慢慢加热保持牛肉嫩滑

将牛柳用青紫苏叶、盐以及烘焙酒腌制，肉质嫩滑，香味也会产生相乘效果。使用自酿烘焙酒和干贝也是关键所在。干贝营养价值高，且比新鲜扇贝更加鲜美。干贝的提取物在用日本酒煮制时与梅干的酸味和咸味调和，味道更加醇厚。烤制牛柳时，应重复“250℃下烤制 1.5 分钟→取出放置”的步骤，这样牛柳能够保持嫩滑的口感。将烘焙酒酒冻片盖在烤制好的牛柳上，整道料理就大功告成了。

材料（4 人份）

牛柳…80克
※烘焙酒（腌泡汁用）…适量
※烘焙酒酒冻片…适量
青紫苏叶…6片
盐…3克
橄榄油…适量
口蘑…1个
青豆…3个豆荚的量
穗状花序…适量

※ 烘焙酒（腌泡汁用）

材料（准备量）
日本酒…200毫升
梅干…3颗
盐…适量
干贝…10克

1. 向锅中倒入日本酒和碎梅干，加入盐，中火加热。
2. 煮沸后加入干贝转小火。不要锅盖煮30分钟，大约煮至原来量的一半后关火，待凉。

※ 烘焙酒酒冻片

材料（准备量）
烘焙酒…100毫升
琼脂…2克

1. 熬煮烘焙酒，之后放入琼脂，使之充分溶解。
2. 倒入托盘，保证厚度大约 3 毫米，待其冷却凝固。

做法

1 给青紫苏叶抹上盐。用青紫苏叶包裹牛柳。

2 将步骤 1 中的食材真空包装，放入冷藏室腌制 12 小时以上。

3 取出腌制好的牛柳，用橄榄油稍加煎制。

4 将牛柳转移到烤箱托盘的网架上，250℃下烤制 1 分半。

5 取出托盘，放在温暖的地方放置两三分钟。重复步骤 4 与步骤 5，直至牛柳软嫩有弹性。

6 切下牛柳的两端。取下一边的青紫苏叶。

7 将牛柳装盘，盖上烘焙酒酒冻片。给牛柳上装饰上青豆。

8 将口蘑切片摆入，最后撒上穗状花序即可。

酸奶烤笋和意大利蹄饺配香菜酱

根据食材选择不同的腌泡方式

用香辛料腌泡清淡爽口的竹笋，使其入味。竹笋的新鲜度是最重要的。日本京都山科竹笋在清晨采集，1 小时之内进行焯水处理，去除涩味。将竹笋用咖喱味的酸奶腌泡后再煎烤，口感爽脆，印度风味十足。作为前菜，适合搭配立体感较强的容器。用猪耳、猪蹄与蘑菇蔬菜酱制成的意式点心搭配柠檬，酸甜爽口，再加入香菜酱和柠檬草椰汁泡，异国风情扑面而来。

材料（准备量）

水煮竹笋…200克
酸奶…20毫升
盐…竹笋质量的1.5%
咖喱粉…2克
※罗勒古斯古斯面…10克
※可丽饼…适量
※意大利蹄饺…1个
※盐渍柠檬…适量
※香菜酱…适量
※柠檬草椰汁泡…适量
琉璃苣…适量
金莲花叶…适量

※ 罗勒古斯古斯面

材料

古斯古斯面…50克

罗勒酱…20克

橄榄油…10毫升

盐…10克

1. 在与古斯古斯面等量的热水中加入橄榄油与盐，与古斯古斯面混合均匀，放在温暖的地方10饧制分钟。
2. 将罗勒酱与步骤1的食材混合均匀。

※ 可丽饼

将可丽饼切成3厘米见方的小片，放入烤箱180℃下烤制10分钟。

※ 意大利蹄饺

材料（准备量）

猪耳…1个

猪蹄…1个

洋葱…1个

胡萝卜…1根

香芹…10克

大蒜…1瓣

水…1000毫升

盐…10克+3克

黑胡椒…2克

饺子皮…适量

蘑菇蔬菜酱…适量

　蘑菇…200克

　大蒜…3克

　洋葱…50克

　白葡萄酒…100毫升

　鸡汤…200毫升

　生奶油…50毫升

　盐…适量

1. 制作蘑菇蔬菜酱。将蘑菇、大蒜以及洋葱切成碎末。
2. 煸炒大蒜末，注意不要炒煳。再加入洋葱末煸炒。
3. 加入蘑菇粒，炒至水分蒸发。倒入白葡萄酒，使酒精充分挥发。
4. 倒入鸡汤，使水分充分蒸发。
5. 加入生奶油，使水分充分蒸发，再用盐调味。
6. 将猪耳与猪蹄焯水3遍并沥干。
7. 将洋葱、胡萝卜、香芹、大蒜、水、盐10克混合，再加入步骤6中的猪耳与猪蹄，放入烤箱在120℃下烤制2小时。
8. 待食材变软后，切成1厘米见方小片。加入3克盐，2克黑胡椒调味。
9. 将步骤8中的食材10克与蘑菇蔬菜酱10一起包入饺子皮中。

※ 盐渍柠檬

材料（准备量）

柠檬…10个

盐…200克

白砂糖…200克

水…300毫升

1. 柠檬划开几道，放入加了盐与白砂糖的水中，煮30分钟。
2. 关火待其冷却，之后倒入密封瓶里，放入柠檬。保质期为3个月。

※ 香菜酱

材料（准备量）

香菜…20克

鸡汤…200克

给煮沸的鸡汤中加入香菜，用搅拌机充分拌匀。

※ 柠檬草椰汁泡

材料（准备量）

椰奶…200毫升

柠檬草…5株

鸡汤…200毫升

将椰奶与鸡汤倒入锅中，熬煮至原来量的一半，加入柠檬草，熬出味道后过滤。

做法

1 将水煮竹笋、盐、咖喱粉、酸奶以及香辛料一起真空包装。放入冷藏室腌制2天。

2 烧水，加入橄榄油，将意大利蹄饺煮一两分钟。

3 取出腌好的竹笋，擦干净表面。

4 平底锅抹上橄榄油，将竹笋煎制到香气四溢。之后再切成适口的大小。

5 将可丽饼铺在容器的托盘部分，盛入古斯古斯面，再装饰上金莲花叶。

6 将竹笋装入主盘部分。淋上香菜酱，放入意大利蹄饺，添入盐渍柠檬，再淋上一层香菜酱。最后加入上柠檬草椰汁泡，装饰上琉璃苣即可。

椰香白芦笋

充分激发白芦笋的香气和蔬菜的甘甜

这道料理色彩丰富，犹如一幅图画。用米纸卷来食用，也是一大特色。相比水煮，将白芦笋真空包装再蒸制的方式，使香味不易流失，在此我们就使用此方法处理。此外，将椰奶装入真空包装腌泡白芦笋，可以使白芦笋椰香满满。用米纸卷上白芦笋、薄荷叶以及蔬菜，美味且乐趣十足。食材足有 21 种。坚果、香草、水果、蔬菜、口感不同，口味多样，色彩丰富。卷时芦笋尖置于左边，底部撒上盐渍猪油和大德寺纳豆粉，食用时从左边开始吃起，味道渐浓。

材料（3人份）

白芦笋…3根
盐…白芦笋质量的1%
椰奶…20毫升
米纸…3片
生火腿…适量
细叶芹…适量
莳萝…适量
酸模…适量
小萝卜…适量
葡萄柚…适量
柚子花…适量
红蓼…适量
蝴蝶花…适量
番茄干…适量
白葡萄酒醋…适量
特级初榨橄榄油…适量
紫甘蓝…适量
榛子…适量
可丽饼…适量
树芽…适量
大德寺纳豆粉…适量
芝麻菜…适量
盐渍猪油…适量
薄荷叶…适量
※山椒酱…适量
※覆盆子蛋黄酱…适量
金莲花叶…适量

※ 山椒酱

材料（准备量）
青葱…20克
香菜…5克
生姜…3克
山椒…3克
芝麻油…30毫升
盐…1撮

将所有材料放入搅拌机中搅拌均匀即可。

※ 覆盆子蛋黄酱

材料（准备量）
蛋黄…1个
白葡萄酒醋…10毫升
芥末籽…30克
芝麻油…100毫升
盐…3撮
覆盆子酱…120克

1. 将蛋黄、白葡萄酒醋、芥末籽、芝麻油和盐倒入碗中搅拌使其乳化制成较硬的蛋黄酱。
2. 拌入覆盆子酱即可。

做法

1 将白芦笋去皮。将白芦笋、盐、椰奶一起真空包装，在80℃下蒸制30分钟。

2 放入冰水中急速降温，之后放入冷藏室腌制2天。

3 在盘底铺上米纸。摆上生火腿、细叶芹、莳萝，薄荷叶、酸模、切片小萝卜。放入葡萄柚果肉，撒上柚子花、红蓼、蝴蝶花和紫甘蓝。淋上山椒酱和覆盆子蛋黄酱，放入番茄干。

4 摆入用白葡萄酒醋与橄榄油腌泡过的沙拉。

5 撒上焦糖化的榛子，摆上可丽饼。

6 将步骤2中的白芦笋尖部朝左，摆入米纸。

7 给白芦笋的尖部放上树芽，侧面撒上大德寺纳豆粉，放上盐渍猪油。最后装饰上金莲花叶即可。

黑甜酒泡樱桃

根据食材选择不同的腌泡方式

这道甜品将樱桃与金泽屋 7 年熟成的黑甜酒一起在真空包装中腌泡，使食材带有浓厚的香甜味，天然又温和。吉冈主厨认为，腌泡使食材的后味更浓，并且产生出新的味道，是其魅力所在。口感爽脆的可丽薄饼与香甜的奶油巧克力、香味柔和的百里香与酸甜可口的蓝莓或是覆盆子都是很搭的。给白奶酪生姜冰激凌稍微加入香辛料，使之不仅香甜，还带有香辛料的香气。添上焦糖化的榛子，混合多种口感，集合多种香味的甜品就制成了。

材料（准备量）

樱桃…300克
黑甜酒…30毫升
※白奶酪生姜冰激凌…1勺
覆盆子…适量
蓝莓…适量
※白奶酪奶油…适量
※奶油巧克力…适量
※可丽薄饼…适量
※巧克力片…1片
※樱桃白兰地腌大黄…适量
※焦糖榛子…适量
※覆盆子酱…适量

※ 白奶酪生姜冰激凌

材料（准备量）

法国白奶酪…500克

白砂糖…100克

牛奶…200克

生奶油…50克

转化糖…80克

生姜片…50克

1. 给牛奶中加入白砂糖与转化糖，煮沸。
2. 加入生姜片，关火，盖上锅盖闷10分钟。
3. 将法国白奶酪磨碎，加入步骤2过滤出的汁液。
4. 加入生奶油拌匀。
5. 放入冷藏室使之凝固。

※ 白奶酪奶油

将等量的法国白奶酪与生奶油混合，搅拌至七分发即可。

※ 奶油巧克力

材料（准备量）

巧克力…136克

生奶油…80克

蛋黄…3个

白砂糖…20克

牛奶…200克

1. 将切碎的巧克力与煮沸的生奶油混合。
2. 锅中放入蛋黄和白砂糖，再浇入煮沸的牛奶。
3. 将步骤2的食材用小火煮，直至黏稠即可。
4. 将步骤3的食材加入步骤1中。
5. 放入冷藏室冷却。

※ 可丽薄饼

材料

无盐黄油…5克

巧克力…120克

干果糖酱…50克

曲奇碎…150克

杏仁碎…40克

1. 将巧克力与干果糖酱隔水加热至融化。
2. 加入曲奇碎与杏仁碎。
3. 加入黏稠状的黄油并搅拌均匀。
4. 浇入模具中，放入冷藏室冷却。

※ 巧克力片

将巧克力浇入模具中。

※ 樱桃白兰地腌大黄

材料

大黄…500克

白砂糖…200克

水…100克

樱桃白兰地…20克

1. 将白砂糖与水混合制成糖浆，并给大黄去皮。
2. 将步骤1的食材与樱桃白兰地一起真空包装。
3. 80℃下蒸制10分钟。
4. 取出后用冰水冷却。

※ 焦糖榛子

材料

榛子…适量

白砂糖…125克

水…38克

麦芽糖…38克

1. 将白砂糖、水与麦芽糖混合煮沸，待变成焦糖色关火。
2. 稍微降温后拌入榛子常温冷却。

※ 特制覆盆子酱

材料

覆盆子酱…100克

白砂糖…10克

水…10克

将白砂糖加入水中煮沸，再加入覆盆子酱拌匀。

做法

1 将樱桃对半切开，与黑甜酒一起真空包装，放入冷藏室腌泡2天。

2 给坚果与可丽薄饼上盘上奶油巧克力条。

3 装饰上覆盆子、蓝莓以及大黄，再加入腌制樱桃。

4 摆上模具中的巧克力片，挤上白奶酪奶油，摆放大黄、腌制樱桃和蓝莓。

5 摆上法国白奶酪与生姜冰激凌，最后装饰上覆盆子酱即可。

中村和成

波奴法式餐厅（LA BONNE TABLE）

青海苔腌马鲛鱼配白葡萄酒酱

加热处理，激活海的味道

青海苔淡淡的咸味渗透进马鲛鱼之中，鲜美恰到好处。腌制过程中用保鲜膜紧紧包裹，鱼肉紧实有弹性。整道菜风味独特，富有质感，关键在于三个阶段的加热，使其魅力值大大提升。首先在58℃的烤箱加热，再使用平底锅将表皮煎出香味，最后在220℃的烤箱再次加热一分半钟。搭配用红葡萄酒醋腌制的野姜，口感清爽。将春季时令的厚壳贻贝的鲜味与柚子的清香很完美融入于白葡萄酒中，圆玉簪与蚕豆的加入，也使春天的感觉更加强烈。

材料

马鲛鱼…75克
青海苔（生）…适量
厚壳贻贝…适量
※浓缩白葡萄酒酱…适量
※圆白菜泥…适量
盐…适量
圆叶玉簪…适量
蚕豆…适量
花山葵…适量
野姜…适量
红葡萄酒醋…适量
特级初榨橄榄油…适量

※ 浓缩白葡萄酒酱

材料（准备量）

白葡萄酒…1000毫升

野蒜…100克

柚子汁…20毫升

柚子皮（磨碎）…3克

厚壳贻贝肉汁…30毫升

1. 在锅内加入白葡萄酒及野蒜片，搅拌均匀并持续加热，浓缩至150克左右为宜。
2. 接着使用搅拌机搅拌。
3. 取另一只锅，倒入步骤2的浓缩白葡萄酒50克，再加入厚壳贻贝肉汁、柚子汁与柚子皮，搅拌并持续加热至沸腾，最后放入黄油乳化即可。

※ 圆白菜泥

材料（准备量）

圆白菜…600克

洋葱…150克

黄油…100克

盐…适量

1. 将切成梳状的洋葱用黄油煸炒，注意不要炒煳。加入圆白菜和少量的水盖上锅盖焖。
2. 待食材变软后用搅拌机搅拌。
3. 最后用盐调味即可。

做法

1 将青海苔贴于马鲛鱼大部分表面，用保鲜膜包裹放入冰箱腌制半天。

2 将圆叶玉簪过水并拌入橄榄油。蚕豆需放入盐水中煮。花山葵的根茎也需过水去涩（花与叶不用）。把切细的野姜用红葡萄酒醋腌制。

3 从冰箱取出腌制好的马鲛鱼置于常温下 1 小时。之后放在带网托盘上用 58℃的热风旋转烘烤炉烤 30 分钟。

4 烤制完成后取出马鲛鱼置于铁板并涂上橄榄油，将表皮稍加煎制。

5 将步骤 4 中的马鲛鱼再次放入托盘，220℃烤箱烤制 1 分 30 秒。

6 烤制完成后将马鲛鱼取出，对称切开，并给切面撒上少许盐。

7 将玉簪花与蚕豆摆盘。用汤匙将圆白菜泥散成圆形，中间点缀浓缩白葡萄酒酱，侧面放入马鲛鱼，再将腌好的野姜搭配其上。最后撒上花山葵与叶山葵即可。

晚柑茴香腌团扇虾配虾黄酱菊苣叶

增强料理与酱汁的整体感需要掌握好腌泡时间

这道料理使用酸甜可口、果汁充足的河内晚柑，搭配带有甜甜清香味的茴香来腌泡新鲜的团扇虾。注意，腌泡时间要尽可能短，估算好时间，使团扇虾稍微渗河内晚柑与茴香的风味即可。腌泡的目的并不是改变团扇虾的味道，而是为了增强与酱汁的整体感。带有独特味道的菊苣叶，甘甜而微苦，与黄油虾黄酱一起煸炒，再搭配上朴素的乳化油，可以很好地调出团扇虾的鲜味。金黄色的油菜花也能起到装饰作用。

材料

新鲜团扇虾…1只
盐…适量
※腌泡汁…适量
※乳化橄榄油…适量
※黄油虾黄酱…适量
菊苣叶…适量
油菜花…适量
橄榄油…适量

※ 腌泡汁

材料（准备量）

河内晚柑…1个（约200克）

河内晚柑果汁…20毫升

河内晚柑果皮…1/20个量

橄榄油…20毫升

茴香叶…5克

紫皮洋葱…4克

1. 将紫皮洋葱切碎（不要过水，香味用于腌泡）。
2. 将河内晚柑去皮，取出果肉，榨汁。
3. 将所有材料放在碗里混合即可。

※ 乳化橄榄油

材料（准备量）

特级初榨橄榄油…125毫升

鸡蛋（中等大小）…1个

盐…适量

1. 制作半熟鸡蛋。鸡蛋放入沸腾的水中煮4分钟，取出后用冰水浸泡。
2. 将鸡蛋打入碗中，少量多次加入特级初榨橄榄油使之乳化。
3. 加入盐调味即可。

※ 黄油虾黄酱

材料

团扇虾虾黄…1只的量

黄油…与虾黄等量

1. 用镊子从虾头开始取出虾黄。
2. 将虾黄与黄油放入锅中煮沸。

做法

1 将新鲜的团扇虾用3%的盐水焯一下（约1分30秒），再用冰水冷却。

2 处理团扇虾。切掉虾头部分，用黄油虾黄酱涂抹在虾头的虾黄部分。

3 将团扇虾放置在托盘上，抹上盐。

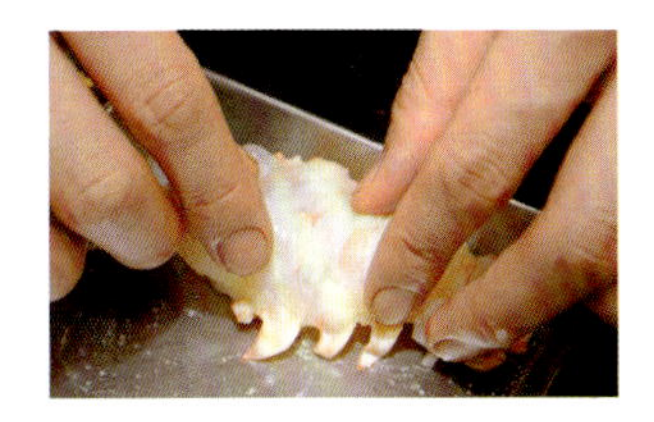

4 浇入腌泡汁，裹上保鲜膜，放入冷藏室腌制30分钟。

5 用橄榄油煸炒菊苣叶，浇上黄油虾黄酱。

6 用刷子将乳化橄榄油刷在盘子上。淋上橄榄油，将茴香茎切开。连同腌泡汁一起盛入团扇虾，撒上油菜花。最后添上步骤5中的食材即可。

红茶腌黑猪肉配蘑菇酱与橙味薄荷腌番茄

红茶带给猪肉的奇妙变化

餐厅主厨认为，红茶与猪肉是很好的组合，于是就尝试了用红茶来腌泡猪肉。猪肉的香味与红茶的清香混合，脂肪部分在口中化开，如同红茶乳化成奶茶一般，是牛肉、鸡肉所没有的独特口感。红茶要选用香味柔和的，例如天玉红茶。番茄只需用橙味薄荷与特级初榨橄榄油简单的腌制一下即可。北海道土豆香甜四溢、口感浓厚，为了激活其本味，就需要加入土豆酱。另外，蘑菇酱浓缩了蘑菇的鲜香，搭配在一起也是十分不错的。最后用蘑菇粉与芦笋点缀，就大功告成了。

材料

猪肩里脊…75克
天玉红茶…适量
※蘑菇酱…适量
※北海道土豆酱…适量
※蘑菇粉…适量
橙味薄荷…适量
圣女果…适量
芦笋…1根
水芹…1根
特级初榨橄榄油…适量
盐…适量

※ 蘑菇酱
材料（准备量）
蘑菇…200克
野蒜…100克
蘑菇片（1毫米厚）…七八片
圆白菜…150克
黄油…200克
盐渍蘑菇（海鲜菇）…100克
肉汤…1000毫升

1. 在锅中放入黄油，将蘑菇、野蒜、圆白菜以及脱盐的盐渍蘑菇稍加煸炒。
2. 加入肉汤，煮10分钟。
3. 搅拌均匀后加入蘑菇片稍微加热即可。

※ 北海道土豆酱
材料（准备量）
北海道土豆…1千克
牛奶…500毫升
黄油…400克

1. 给土豆去皮切片，真空包装煮30分钟。
2. 在土豆还有余温的时候加入黄油与牛奶

※ 蘑菇粉
材料
蘑菇…适量
黄油…适量

1. 将蘑菇切碎。
2. 将黄油与蘑菇一起放入锅里煸炒，使水分蒸发。
3. 用料理机打碎即可。

做法

1 将红茶敷满猪肉，真空包装后放入冷藏室腌制半天。猪肉中的脂肪与水分会把茶叶泡开。

2 将圣女果对半切开。放入碗中用橙味薄荷、盐、特级初榨橄榄油混合腌制。

3 将腌制好的猪肉连真空包装袋一起放进58℃的烤箱中烤制45分钟。

4 取出猪肉，去除表面三成的茶叶。

5 在铁板上倒橄榄油，煎制猪肉，直至表皮上色。

6 将煎制后的猪肉放入220℃的烤箱中烤制2分30秒。

7 取出猪肉，切片后在切面撒上少许盐。

8 将煎制后的芦笋装盘，摆入切好的猪肉与腌制后的圣女果。浇上北海道土豆酱与蘑菇酱，最后点缀上水芹，撒入蘑菇粉即可。

高山直一

卡斯泰利纳意式餐厅（PIATTI CASTELLINA）

葡萄酒醋腌青花鱼大麦沙拉配山葵苹果冰

用日式食材做出意式风格的料理

将青花鱼用盐、白砂糖、白胡椒腌制去腥后，再用香味浓郁的白葡萄酒醋腌泡。虽说是用醋，但是不会产生呛鼻的气味，因为加入了白砂糖与柠檬，反而会有一种醇厚的感觉，甜味与青花鱼更好搭配。这步的腌泡是整道料理的核心部分，再搭配上心里美萝卜冷汤、大麦沙拉、起泡烘焙酒、山葵苹果冰，青花鱼的口感会更加清爽。冷汤扮演了日本料理中白萝卜泥的角色，山葵则与生鱼片中芥末的作用相当，而用日本酒与梅干制成的烘焙酒则是生鱼片的调味料，因为口感上有所不足，所以加入了富有弹性的大麦沙拉来弥补。

材料（准备量）

青花鱼…适量

青花鱼腌泡汁

A 盐…250克

白砂糖…100克

白胡椒…15克

B 白葡萄酒醋…50克

水…250克

柠檬汁…1/2个的量

白砂糖…50克

盐…适量

白胡椒…适量

※大麦沙拉…适量

※心里美萝卜冷汤…适量

※起泡烘焙酒…适量

※山葵苹果冰…适量

嫩菜…适量

※ 大麦沙拉

材料

大麦…适量

油菜花…适量

柑橘汁…适量

特级初榨橄榄油…适量

盐…适量

白芝麻…适量

※ 心里美萝卜冷汤

材料

心里美萝卜…适量

盐…萝卜质量的3%

白葡萄酒醋…500克

白砂糖…200克

海带汁…250克

百里香…适量

白芝麻…适量

※ 起泡烘焙酒

材料

日本酒…100克

梅酒（10年熟成）…5克

海带汁…80克

盐…适量

明胶…5克

将日本酒、梅酒、海带汁一起煮沸，加入盐调味，再加入化开的明胶。放入冰水中一边打泡一边冷却。

※ 山葵苹果冰

材料

苹果…300克

水…100克

白砂糖…30克

山葵…适量

1. 将苹果去皮去核，与水、白砂糖一起煮至软烂。
2. 用搅拌机打碎并冷却，放入冷冻室冷冻。
3. 将山葵磨成丝，与步骤2的苹果冰混合。

做法

1 用白葡萄酒醋腌泡青花鱼。将青花鱼片成3片，用调料A 腌制2小时。洗净后擦干水分，放入调料B中腌泡。待表面发白后取出擦干，静置至少一晚。

2 制作大麦沙拉。将大麦与油菜花分别焯水，加入食材质量一成的柑橘汁与三成的特级初榨橄榄油，用盐与白芝麻调味。

3 制作心里美萝卜冷汤。将海带汁、盐、醋、白砂糖、百里香和白芝麻混合，煮开后关火冷却。将萝卜丝放入海带汁中腌泡一晚后，连同腌泡汁用搅拌机打碎。

4 去除步骤1处理后的青花鱼鱼刺与鱼皮并切片。

5 将心里美萝卜冷汤、大麦沙拉、白葡萄酒醋腌青花鱼、起泡烘焙酒、山葵苹果冰、嫩菜按顺序装盘即可。

炸猪排配香草柠檬黄油酱

用油炸锁住腌制猪肉的香味

这道料理将熟成猪肉裹上面包屑油炸而成。方法简单，也十分常见，只需要在口感上下功夫。将猪排切成三四厘米厚，油炸后再烤制，比单用油炸火候恰到好处。腌制时，除了盐与白胡椒，迷迭香、大蒜与葵花籽油都会使猪排风味更佳。将色拉油、猪油以及黄油混合在一起制成油炸油，黄油会提升油的香味。搭配口感较为油腻的炸猪排，可以选用爽口的紫甘蓝以及柠檬黄油酱。腌泡过蔬菜的腌泡汁制成彩色的小果冻，色彩鲜艳，可以预制作为备用。

材料

猪里脊肉…适量
迷迭香…适量
大蒜…适量
葵花子油…适量
盐、白胡椒…各适量
羊奶干酪、蛋液、细面包屑…各适量
油炸油（色拉油与猪油按3：1的比例混合，用黄油提香）…适量
※腌紫甘蓝…适量
※紫甘蓝冻、黄色彩椒冻…各适量
※柠檬黄油酱…适量
菊苣、嫩菜…各适量
盐之花、胡椒碎 …各适量

※ 腌紫甘蓝

将紫甘蓝切丝后撒上盐，脱水后用泡菜汁腌泡。

※ 紫甘蓝冻、黄色彩椒冻

给紫甘蓝与黄色彩椒的腌泡汁中分别加入明胶制成果冻状，切成小丁。

※ 柠檬黄油酱

材料
蛋黄…2个
黄油…150克
柠檬汁…20克
A 肉汤…200克
野蒜…20克
油封大蒜…20克
胡椒碎…2克
盐…2克
五花肉…适量
迷迭香…适量
百里香…适量
洋苏…适量

1. 将A中的材料放入锅中熬煮后过滤。
2. 待黄油恢复常温，与蛋黄、柠檬汁混合，少量多次加入步骤1中的材料，搅拌均匀即可。

做法

1 将猪里脊肉切成三四厘米厚的片，用迷迭香、大蒜片以及葵花子油腌制。

2 擦干猪肉表面的腌泡汁，用盐及白胡椒调味，再依次裹上羊奶干酪、面包屑以及蛋液。

3 下锅油炸，上色后捞出控油。

4 放入烤箱稍微烤制，取出后放置片刻，切块。

5 盛入腌紫甘蓝，给盘底涂上柠檬黄油酱，码上步骤4中的猪排，撒上盐之花与胡椒碎，装饰上紫甘蓝冻、黄色彩椒冻、菊苣以及嫩菜即可。

烧烤盐曲鸭肉根菜配白舞茸番茄酱

盐曲与甜米酒的发酵作用使肉质香嫩

相比与盐和白砂糖，盐曲和甜米酒的口感更加柔和。用盐曲与甜米酒腌制肉，由于发酵作用，肉质会更加香嫩。这道料理使用肉质较硬的鸭肉作为主食材，将表皮烤至焦脆而保持内部肉质的软嫩。注意，鸭皮应避免接触水分，只需腌制鸭肉部分即可。为防止鸭皮干燥，可以抹上一层橄榄油。蔬菜的腌制时间也不能太短，否则不易入味。将鸭肉和蔬菜煎烤，搭配白舞茸、脱水番茄、野蒜、意式生火腿制成的酱汁，相得益彰。

材料

鸭胸肉…1/2片
根菜（胡萝卜、金美萝卜、白萝卜、紫萝卜、芜菁，葱）…适量
盐曲…适量
甜米酒…适量
特级初榨橄榄油…适量
盐之花、胡椒碎…各适量
牛至草、山椒、红芥末菜…各适量

※ 白舞茸番茄酱

白舞茸末…适量
脱水番茄末…适量
野蒜末…适量
意式生火腿粒…适量
肉汤…适量

做法

1 将鸭肉处理干净，去除多余的油脂。

2 将盐曲与甜米酒（按 2 ： 1 的比例）混合，鸭肉与根菜分别腌制。注意，只需腌制鸭肉内侧部分，鸭皮应避免接触水分，并抹上一层橄榄油，腌制一晚。根菜腌制大约 5 天，充分入味。

3 制作酱汁。将野蒜末与火腿粒、脱水番茄、白舞茸用特级纯橄榄油煸炒，再加入肉汤稍加炖煮。

4 将腌好的鸭肉表皮划开，用橄榄油煎制，表面上色后，放入烤箱烤制 1 分钟，静置片刻后切片即可。

5 将步骤 2 腌制好的根菜稍加煸炒。

6 将鸭肉、根菜，步骤 3 中的酱汁装盘，撒上盐之花、胡椒碎、牛至草，装饰上红芥末菜即可。

红酒腌西瓜配椰香蛋糕

用盐与红葡萄酒腌制西瓜可以控制水分

在夏天的意大利，腌制西瓜十分受欢迎。这道料理就是借鉴此方法制成的一道夏日甜品。直接将西瓜制成甜品，水分过多，所以应先用盐除去西瓜的一部分水分，再用肉桂风味的红葡萄酒腌泡。混合了西瓜汁的腌泡汁可以充分利用，制成酱汁，或是与明胶一起制成果冻。香甜的椰子在夏日甜品中占据着重要的地位，刚好与红葡萄酒风味的西瓜搭配。椰香四溢的饼干与冰果，口感丰富，乐趣十足。为了使西瓜更甜，通常会加入盐之花。

材料

西瓜…适量
盐…西瓜质量的1 ~ 1.5%
西瓜腌泡汁（准备量）
　红葡萄酒…500克
　白砂糖…150克
　肉桂…适量
　香草豆…适量
※椰香蛋糕…适量
※白砂糖馅饼碎…适量
明胶…适量
椰丝…适量
盐之花…适量
椰子冻…适量
※双味奶油酱…适量
※香草奶泡…适量
薄荷叶…适量

※ 椰香蛋糕
材料
蛋白…375克
白砂糖…125克
红糖粉…200克
杏仁粉…100克
低筋面粉…40克

1. 给蛋白加入白砂糖后打泡，加入其他粉质材料搅拌均匀，倒入模具中。
2. 在180℃的烤箱中烤制15分钟即可。

※ 白砂糖馅饼碎
烤制好的馅饼用料理机打碎即可。

※ 双味奶油酱
将酸味奶油与生奶油混合均匀即可。

※ 香草奶泡
用牛奶浸泡香草，待香味出来后打泡。

做法

1 给西瓜去皮并切成圆片，撒上盐腌制一晚，除去多余的水分。

2 将红葡萄酒、白砂糖、肉桂和香草豆一起煮沸，待酒精挥发后关火晾凉。将步骤1中的西瓜擦干水分后，放入其中腌泡一晚。

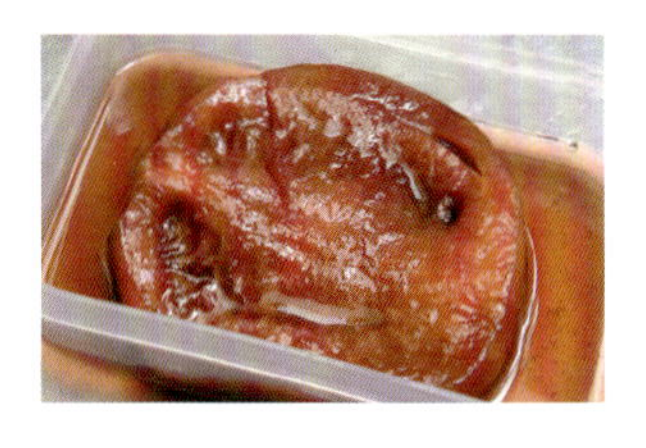

3 将腌泡好的西瓜取出，去子后切成小块。

4 将步骤3中的腌泡汁熬煮后制成酱汁，加入明胶后制成果冻，晾凉后切成小块。

5 将步骤3中的西瓜块、步骤4中的果冻小块和椰香蛋糕块装盘，撒上馅饼碎，椰丝和盐之花，盛入椰子冻，双味奶油酱与香草奶泡，最后淋上步骤4中的酱汁，装饰上薄荷叶即可。

樱鲷冷面配法式蒜香番茄酱

盐渍樱树叶与酸橘皮释放柔和的香味

这道菜品很好地体现了日本料理中十分重要的季节感。将春季的时令樱鲷用盐渍樱树叶与酸橘皮腌制，独特的混合香味会渗入鱼肉。樱树叶中的盐分进入樱鲷，樱树叶不会过咸，樱鲷也入了味。再用口感浓厚、香味柔和的香鱼鱼酱与酸橘汁调味。整道料理风格柔和。酱汁与冰果使用腌泡番茄的果肉与汁液，融合了日式与意式风味。

※ 法式蒜香番茄酱与冰果

材料

番茄…1000克
盐…8克
白砂糖…4克
大蒜…适量
特级初榨油…适量
盐…适量

1. 番茄切碎，加盐与白砂糖腌制一晚。
2. 过滤番茄渗出的汁液直至清透，冷冻后制成番茄冰果。
3. 制作法式蒜香番茄酱。将腌制后的番茄果肉与大蒜、特级初榨油、盐一起打碎搅拌均匀。

做法

1 取真鲷的鱼柳部分，撒上磨碎了的酸橘皮，用脱盐的盐渍樱树叶卷好，再包裹一层保鲜膜腌制一晚。

2 将腌制好的真鲷切成小条状，加入香鱼鱼酱、酸橘汁、特级初榨橄榄油调味。

3 将细意大利面煮熟后过一遍冰水，再用厨房用纸吸干水分，拌入法式蒜香番茄酱中。

4 将步骤 3 的意面装盘，盛入步骤 2 中的真鲷，摆入番茄冰果，再撒上细叶芹、莳萝，穗状花序紫苏与紫芽即可。

材料（准备量）

真鲷（鱼柳）…1片
盐渍樱树叶（脱盐）…3片
酸橘皮…适量
香鱼鱼酱…适量
酸橘汁…适量
特级初榨橄榄油…适量
细意大利面…适量
※法式蒜香番茄酱与冰果…适量
细叶芹、莳萝、穗状花序紫苏、紫芽…各适量

材料（4人份）

金目鲷鱼柳…1片
鱼类专用熏制液※…适量
蛤蜊（去沙后）…1个
竹笋（焯水后）…1根
鲷鱼海带汤※…适量
生若芽…适量
刺山柑…适量
橄榄…适量
圣女果…适量
特级初榨橄榄油…适量
花山葵…适量
花椒叶…适量
※生海苔饭（用鲷鱼海带汤制成）…适量

※ 鱼类专用熏制液

盐水（2.5%）…2千克
海带…40克
洋葱…100克
胡萝卜…50克
香芹…50克

1. 将海带放入盐水中浸泡一晚。
2. 将洋葱、胡萝卜与香芹切片，放入步骤1的材料中煮沸，冷却即可。

※ 鲷鱼海带汤

给鱼肉抹上盐去腥，稍加煎制后加入海带与香味蔬菜煮制。

金目鲷蛤蜊竹笋海藻蒸

使用与海水等浓度的盐水腌制金目鲷

“腌泡”一词，本有海水之意。可以推测，古时候人们或许已将海水用于料理。经过在熏制液中的长时间腌泡，鱼肉充分吸收了盐的咸味和海带的鲜味，美味不言而喻。蛤蜊、生若芽等与鱼肉一起蒸制的食材也会充满海的味道。融入刺山柑、橄榄、圣女果干及各种香料的汤汁更是滋味独特，搭配生海苔饭食用，让人意犹未尽。竹笋和新若芽也带给这道料理浓郁的春天气息。花山葵和花椒叶的香味也给人美妙的体验。

做法

1 将金目鲷切成鱼柳状，与鱼类专用熏制液一起装入密封袋，腌制 12 ~ 18 小时。

2 将金目鲷鱼柳、蛤蜊、竹笋、鲷鱼海带汤，生若芽、刺山柑、橄榄、圣女果、特级初榨橄榄油放入锅中，盖上盖子炖制。

3 出锅前加入花山葵，连汤汁一起装盘。

4 将花椒叶装饰在竹笋上，将生海苔饭另外盛好，即可享用。

小山雄大

波尼西蒙意式家庭餐厅（Tratoria AI Buonissimo）

千层金枪鱼配香腌番茄酱

本料理适合作为味浓蔬菜的前菜

腌干金枪鱼是用半片金枪鱼制成的。用吸水布吸去金枪鱼的水分，再放入冷藏室 1 个月使其干燥，充分浓缩金枪鱼的肥美，其口感非常适合搭配味道浓郁的蔬菜。将金枪鱼用葡萄酒醋与番茄清汁腌泡，隔层中的彩椒、西葫芦、紫皮茄子等再用各自适合的腌泡汁处理，充分调出食材的本味，使整道料理更加有特点。其中，用意大利青酱与沙丁鱼酱腌制紫皮茄子，特色更突出。为了防止氧化后美味损失，就需要在真空包装下腌制。整道料理以蔬菜为主，搭配的也是番茄制成的新鲜酱汁。

材料（4人份）

腌金枪鱼

※腌干金枪鱼

（2毫米厚）…20片

番茄清汁…80克

盐…2克

大蒜片…1瓣的量

罗勒叶…4片

15年熟成葡萄酒醋…10克

特级初榨橄榄油…15克

腌彩椒

红黄彩椒…各1个

烤彩椒汁…适量

白葡萄酒醋…40克

大蒜片…1瓣量

特级初榨橄榄油…10克

盐…适量

腌西葫芦

西葫芦…1个

盐…适量

柠檬汁…20克

藏红花粉…1克

炒大蒜末…少许

特级初榨橄榄油…30克

腌紫皮茄子

紫皮茄子…1根

意大利青酱…40克

鱼露…6克

特级初榨橄榄油…10克

※ 腌干金枪鱼

材料

金枪鱼片…适量

盐…鱼肉质量的2～3%

黑胡椒…适量

给金枪鱼抹上盐与黑胡椒，包裹上吸水布，放入冷藏室干燥1个月。

香脆番茄酱

圣女果…20个

白葡萄酒醋…75克

白葡萄酒…75克

蜂蜜…10克

黑胡椒…5粒

罗勒…1根

特级初榨橄榄油…适量

做法

1 将腌干金枪鱼切成薄片，加入番茄清汁、盐、大蒜、罗勒叶，熟成葡萄酒醋，特级初榨橄榄油腌渍一天。

2 给彩椒裹上铝箔纸，在160℃烤箱中烤制30分钟，去皮。将汁液与白葡萄酒醋混合煮制后晾凉，加入大蒜、特级初榨橄榄油以及盐腌制一天。

3 将西葫芦切成薄片，撒上盐烤制，再用柠檬汁、藏红花粉、炒大蒜末、特级初榨橄榄油腌制。

4 用火烤茄子，并去皮。加入意大利青酱、鱼露以及盐，真空包装腌制一天。

5 制作香脆番茄酱。将圣女果煮制后去籽。加入白葡萄酒醋、白葡萄酒、黑胡椒以及蜂蜜开火煮制，待其冷却后加入圣女果与罗勒叶腌制一天。给腌制好的圣女果淋上特级初榨橄榄油，用料理机打碎即可。

6 将保鲜膜铺开，叠放上颜色各异的食材，裹上保鲜膜整理出形状。

7 给盘底涂上步骤5的酱汁，再摆上切好的步骤6中的千层，装饰上欧芹即可。

特色腌蛋黄

用三种特色腌法处理香醇的蛋黄

爱吃鸡蛋的人中，喜欢蛋黄的人不少。虽然是常见的食材，蛋黄的醇厚是其他食材所不具备的。这道菜使用三种腌制方法来使蛋黄的味道与口感更加丰富，更加出彩。首先预先准备好三种蛋黄：第一种是整蛋经过冷冻再解冻后取出的蛋黄，第二种是荷包蛋的蛋黄，第三种是生蛋黄。将冷冻蛋黄用酸味柑子与佛手酒腌制，再加上生海胆。将荷包蛋黄用白松露油腌制入味，再搭配上白芦笋。将生蛋黄用番茄腌制，浸入其酸味及香味。整道料理口感浓厚，香味四溢。

材料（4人份）

腌冷冻蛋黄
冷冻蛋黄…4个
炒大蒜末…少许
柑子汁…60克
佛手酒…40克
蜂蜜…15克
特级初榨橄榄油…30克

腌荷包蛋蛋黄
荷包蛋蛋黄…4个
白葡萄酒醋…15克
白松露油…60克
盐…适量

腌生蛋黄
生蛋黄…4个
※番茄酱…60克
番茄膏…120克
白砂糖…45克
盐…30克
※腌生海胆…适量
生火腿…适量
※腌白芦笋…适量
※沙丁鱼酱…适量
将新鲜沙丁鱼用盐、辣椒粉、橄榄油腌制，冷藏条件下熟成2周。
卡戴菲（一种薄土耳其面条，由面粉和水制成，通过筛子倒入热的金属烹饪盘中）…适量
嫩葱、欧芹、芝麻菜…各适量

※ 番茄酱

1. 用橄榄油煸炒大蒜，加入番茄煮至原来量的1/4，过滤，取滤网上层部分。

※ 腌生海胆

材料
生海胆…适量
圣女果…3个
鱼露…20克
炒大蒜末…少许
特级初榨橄榄油…15克
将圣女果切碎并过滤，制成清汁，加入鱼露，大蒜以及特级初榨橄榄油混合后将海胆腌制半天。

※ 腌白芦笋

材料
白芦笋…100克
白葡萄酒醋…15克
藏红花粉…30克
特级初榨橄榄油…10克
将白芦笋焯水后切碎，加入白葡萄酒醋、藏红花粉以及特级初榨橄榄油腌制30分钟。

做法

1 制作腌冷冻蛋黄。将带壳鸡蛋冷冻，取出蛋黄，与大蒜、柑子汁、佛手酒、蜂蜜混合煮制，再加入特级初榨橄榄油，腌制1天。

2 制作腌荷包蛋黄。将蛋黄放入沸水中煮制后迅速捞出放入冰水中，使蛋黄处于半熟状态。用白葡萄酒醋、白松露油以及盐一起将蛋黄腌制半天。

3 制作腌生蛋黄。将番茄酱，番茄膏、白砂糖与盐混合后开火加热，待凉后放入生蛋黄，腌制3天。

4 装盘。给腌冷冻蛋黄上摆入腌生海胆及嫩葱。给腌荷包蛋黄配上生火腿、腌白芦笋以及芝麻菜。

将腌生蛋黄摆在烤制后的卡戴菲上，再加入沙丁鱼酱，撒上欧芹即可。

香腌和牛

上等和牛的瘦肉部分腌制后香味更浓郁

将和牛制成牛排食用比较普遍的，烤牛肉也很常见，但是只使用盐与胡椒，味道太过单一，香气也很普通。在这里我们采用将和牛用甜红葡萄酒与香味蔬菜腌制 1 周的方法。腌制 1 周后，葡萄酒的香味会很好的浸入牛肉中，风味更加独特。将腌制后的牛肉蒸制 15 ~ 20 分钟，肉质软嫩多汁。接着再使用大蒜、香草以及橄榄油进行二次腌制，使香味叠加。经过双重腌制的牛肉风味独特，与微苦的芝麻菜很好搭配。最后，可以根据喜好自由搭配，加入脱水番茄、牛肝菌与帕尔马干酪等，都是不错的。

材料（4 人份）

和牛后臀肉…3块（约300 ~ 450克）
盐、黑胡椒…各适量
浓缩甜红葡萄酒…适量
香味蔬菜（洋葱、胡萝卜、香芹、欧芹、大蒜）…适量
迷迭香、百里香、大蒜，特级初榨橄榄油…各适量

腌干牛肝菌

干牛肝菌…20克
炒大蒜末…1瓣的量
牛肉汤…60克
白葡萄酒…30克
迷迭香末…1根的量
特级初榨橄榄油…30克

腌脱水番茄

脱水番茄…40个
柠檬汁…30克
大蒜片…1瓣的量
柠檬胡椒橄榄油…20克
罗勒…1枝
芝麻菜、帕尔马干酪…各适量
特级初榨橄榄油…适量

做法

1 将后臀肉等瘦肉部分切成 100 ~ 150 克的块，加入盐、黑胡椒、甜红葡萄酒和香味蔬菜，真空包装后放入冷藏室腌制 1 周。

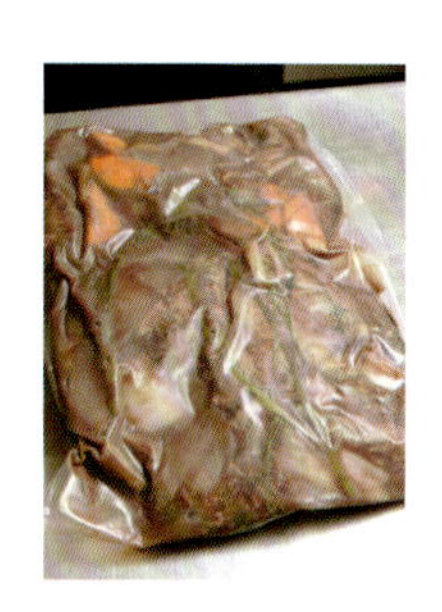

2 取出步骤 1 腌制好的牛肉，擦干水分后再次真空包装，在 65℃下蒸制 15 ~ 20 分钟。

3 取出牛肉，趁热与迷迭香、百里香、大蒜以及特级初榨橄榄油一起再次真空包装，放入冷藏室腌制 1 ~ 2 天。

4 制作腌干牛肝菌。将干牛肝菌与炒大蒜末、牛肉汤、白葡萄酒、迷迭香、欧芹一起真空包装，放入冷藏室腌制。

5 制作腌脱水番茄。将脱水番茄与柠檬汁、大蒜、柠檬胡椒橄榄油、罗勒一起真空包装，放入冷藏室腌制。

6 将步骤 3 中的牛肉切片并装盘，码上步骤 4 的牛肝菌步骤 5 的脱水番茄以及切片的帕尔马干酪，最后淋上特级初榨橄榄油即可。

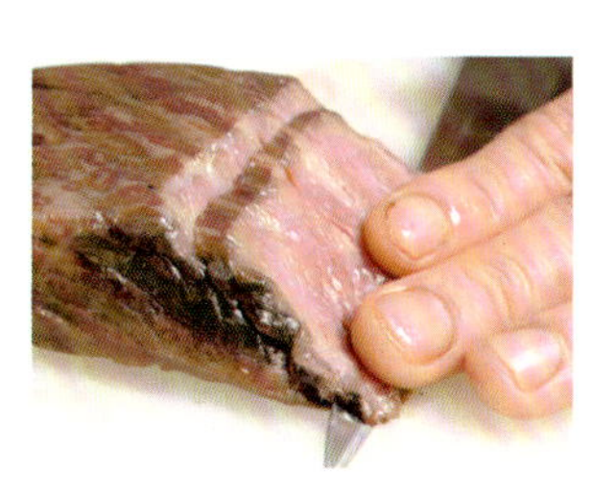

马苏里拉奶酪腌

香浓的坚果味与醇厚的奶香味搭配葡萄酒

给用核桃甜露酒腌泡过的马苏里拉奶酪中包入腌覆盆子以及蜂巢，之后注入起泡葡萄酒，制成了这道甜品。由于加入了甜露酒、起泡酒以及柠檬酒，酒精度数较高，是成年人才能品尝到的美味。将马苏里拉奶酪放进热的盐水中稍加融化、混合均匀，在它还柔软的时候包入覆盆子以及蜂巢，揉成圆圆的白色丸子，不禁让人猜测其中的奥秘。覆盆子酸味太重，所以加入香甜的蜂巢来增加风味。香味浓郁的核桃甜露酒是意大利的传统酒，将其与胶糖蜜混合后腌泡马苏里拉奶酪。

材料（4人份）

冻马苏里拉奶酪…300克
开水…适量
腌覆盆子
覆盆子…12粒
柠檬酒…50克
柠檬汁…10克
白砂糖…15克
蜂巢…25克
核桃甜露酒…适量
胶糖蜜…100克
※将水与白砂糖等比例混合制成。
起泡葡萄酒…适量

做法

1 覆盆子用柠檬酒、柠檬汁和白砂糖腌制半天。

2 将马苏里拉奶酪解冻打碎，放入浓度为1%的盐水中搅拌均匀。

3 趁热取适当大小的奶酪，裹住腌覆盆子以及蜂巢，团成丸子状。

4 将包好的奶酪团子放在加有胶糖蜜的核桃甜露酒浸泡30～60小时。

5 将奶酪丸子放入杯中，加入起泡葡萄酒即可。

数井里央

伊雷纳西班牙乡土料理（Irene）

西班牙风味腌烤蔬菜

做法

1 将茄子、红椒及洋葱带皮烤制，待表皮焦黄后放入 250℃的烤箱中再次加热。

2 取出蔬菜并去皮，码放在托盘上。将烤出的汁液与大蒜、盐、白葡萄酒醋、橄榄油混合后浇入，腌制一晚。

3 蔬菜切成适口的大小，连同腌泡汁一起装盘即可。

西班牙传统料理突出蔬菜的浓郁香味与黏稠口感

这道料理使用彩椒、茄子、洋葱等香味蔬菜，重点突出蔬菜自身的美味。将完整的蔬菜烤制后不要切太小，以保证口感。满足的一大口，唇齿留香。蔬菜在带皮烤制后再在 250℃的烤箱中加热，这时蔬菜外焦里嫩，渗出的汁液还可以用于腌制。为了品尝到蔬菜的本味，腌制时调味料只用大蒜、白葡萄酒醋、橄榄油以及盐即可。经过一晚腌制后的蔬菜，不论是冷藏食用还是常温食用，都非常美味。

材料（准备量）

茄子…5个
红椒…2个
洋葱…1个
大蒜末…2.5瓣的量
盐…适量
白葡萄酒醋…适量
特级初榨橄榄油…适量

摩洛哥烤羊肉串

用香辛料来去除羊肉的膻味

这是一道从摩洛哥传来的美食。使用大量的牛至草、小茴香及辣椒等香辛料来腌制羊肉后，再将其串成串烤制。相比咸味，香辛料的香味更重要，所以只需少量的盐提味即可。将所有的香辛料用料理机打碎，混合均匀后撒在羊肉串上，放入冷藏室腌制一两天，充分入味，之后再用盐提味。羊腿肉上的筋会影响口感，所以应将筋处理干净。

材料（准备量）

羊腿肉…1千克
盐…适量
※香辛料…适量
大蒜…3瓣
欧芹…1根
白葡萄酒…适量
纯橄榄油…适量
盐…适量
红菊苣、迷迭香（枝）…各适量

※ 香辛料
材料
干牛至草…1
小茴香粉…1
辣椒粉…2

做法

1 去除羊腿肉中的筋，切成合适的大小，撒上盐腌制1小时。

2 将香辛料与大蒜、欧芹、白葡萄酒、橄榄油一起用料理机搅拌均匀。注意，盐的量不宜太多，提味即可。白葡萄酒与橄榄油的比例为1:2。

3 将步骤1与步骤2的材料混合均匀，放入冷藏室腌制一两天。

4 待充分入味后，顺着肉的纤维串成串，放在铁板上烧烤。

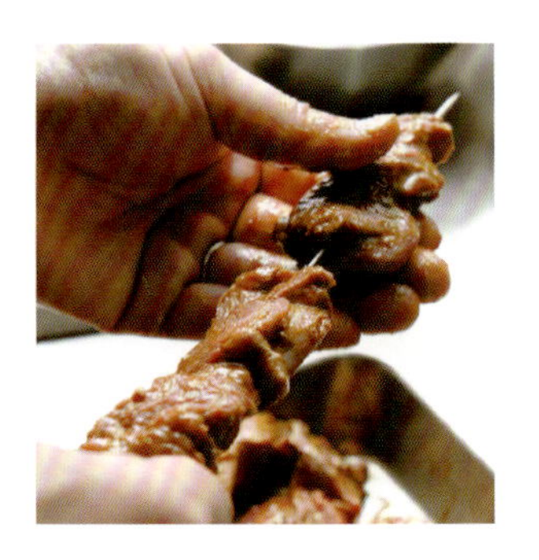

5 烤熟后装盘，装饰上红菊苣以及迷迭香即可。

腌炸鲨鱼

做法

1 将鲨鱼肉切成适口的大小。

2 将白葡萄酒醋、大蒜、干牛至草、辣椒粉、水与盐混合。这里应用手将大蒜揉碎，使香味充分散发。水的多少取决于白葡萄酒醋的酸度和季节。

3 将鲨鱼块浸泡入步骤 2 的腌泡汁中，放入冷藏室腌一晚。

4 取出腌泡好的鱼块，擦干水分，裹上少许小麦粉，放入烧热的色拉油中炸制。为了除去水分，应慢慢炸制。待酥脆后捞出控油。

5 装盘，撒上辣椒粉，装饰上欧芹即可。

加入醋可以很好地去除鱼腥味

这是一道在西班牙的安达卢西亚地区十分常见的炸鱼料理。将鱼肉用醋、大蒜、香辛料腌制后再油炸，由于除去了多余的水分以及腥臭味，整道料理香味十足。鲨鱼肉时间一长会散发难闻的味道，用大蒜和醋的腌制，可以有效解决这一问题。注意，纯醋的酸味会过浓，应与水混合后使用，水的多少取决于醋的酸度和季节。这样腌制一晚即可入味。为了充分除去水分，应慢慢炸制，使口感酥脆。

材料（3 人份）

鲨鱼块…600克
白葡萄酒醋…适量
大蒜…1瓣
干牛至草…适量
辣椒粉…适量
水…适量
盐…适量
小麦粉…适量
色拉油…适量
欧芹…适量

醋腌沙丁鱼

除去多余的油脂可以使醋更容易渗入鱼肉

西班牙料理店的菜单中一定会有醋腌沙丁鱼是。采用正宗的西班牙风格腌制法，沙丁鱼最好选用黑背沙丁鱼或是日本鳀。相比肥美的沙丁鱼，脂肪较少的沙丁鱼醋腌时比较容易入味。将片下的 3 片鱼肉在流动的水下冲洗 1 ~ 1.5 小时，除去腥臭味以及多余的脂肪。擦干后放入加盐的白葡萄酒醋中腌泡一晚，之后再用橄榄油浸渍。大蒜末和橄榄会使香味更加浓郁。

材料（准备量）

沙丁鱼…2千克
白葡萄酒醋…1升
盐…3大匙
大蒜末…适量
特级初榨橄榄油…适量
橄榄…适量
欧芹末…适量

做法

1 将沙丁鱼片成 3 片，在流动的水下冲洗 1 ~ 1.5 小时，之后擦干。

2 将步骤 1 中的沙丁鱼片码放在托盘中，倒入加盐的白葡萄酒醋，腌泡一晚。

3 取出沙丁鱼片，撒上大蒜末，淋上橄榄油，继续腌制一晚。

4 摆盘，加入橄榄，撒上欧芹即可。

酒蒸贝肉配腌制蔬菜

腌制蔬菜更加衬出贝肉的鲜香

用白葡萄酒蒸制扇贝，再搭配腌制蔬菜，作为起泡葡萄酒或是白葡萄酒的下酒菜，非常受欢迎。扇贝与蔬菜冷藏后食用味道更佳。将扇贝用白葡萄酒蒸制后连同汤汁一起放入冷藏室，贝肉鲜嫩，饱满多汁，彩椒粒与洋葱粒爽脆可口，搭配用白葡萄酒醋、柠檬汁和橄榄油调制的调味汁，多种食材的味道融为一体。贝壳中余下的汤汁融入了蔬菜的香味，加少许盐，味道更佳。

材料（1人份）

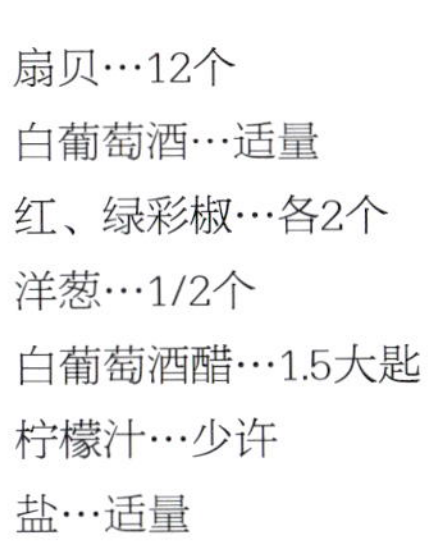

扇贝…12个
白葡萄酒…适量
红、绿彩椒…各2个
洋葱…1/2个
白葡萄酒醋…1.5大匙
柠檬汁…少许
盐…适量
特级初榨橄榄油…3～4大匙
莳萝…适量

做法

1 将扇贝清理干净，放入锅中用白葡萄酒蒸制。待贝壳打开后关火并晾凉。晾凉后放入冷藏室。

2 将彩椒与洋葱切碎，加入白葡萄酒醋、柠檬汁、盐与橄榄油搅拌均匀，静置片刻使之入味。

3 摘掉步骤1中扇贝的单片贝壳，在另一片贝壳上盛满步骤2的食材，装饰上莳萝即可。

餐厅介绍

本书介绍的料理，根据各餐厅的特点，会存在销售时间限定等情况，请向各餐厅确认。
另外，进店用餐时，餐具、摆盘和配菜可能会有差异。
各餐厅的营业时间、固定休息日等信息截止到 2016 年 5 月。

餐厅于2013年整修，以白色为基调，时尚大方。不论是一盘简单的午餐还是浪漫的烛光晚餐，都体现出十时屋的风格。

十时亨 老板主厨

P8

银座十时屋 新法式餐厅
（GINZA TOTOKI）

接触法式料理长达40年。曾担任过Ginza L'Ecrin的厨师长，后独立经营。作为影响日本料理界的人物，他对后辈十分关照。如今的十时主厨，以发酵食品为开端，专注于研究借鉴日本各地的食材与料理方法，意在为日本料理注入全新的法式风味。

- 地址：东京都中央区银座5-5-13坂口大厦7F
- 电话：03-5568-3511
- 营业时间：午市11:30~14:00（最后下单时间.13:30）
  夜市18:00~22:00（最后下单时间21:00）
- 休息日：周一（节假日正常营业）
  午餐 2400日元~、晚餐7800日元~

法式三星的奢华享受，产地直送的新鲜食材，不断更新的创意料理都使它非常有人气。

渡边健善 老板主厨

P20

雷桑斯 法式餐厅
（LesSens）

1963年出生于神奈川县。1989年赴法进修。先后在Michel Trama（波尔多三星）、Jacque Maximin、Jardin des Sens、Jacque Chibois等处学习，于1998年在横滨市开设LesSens。

- 地址：神奈川县横滨市青叶区新石川2-13-18
- 电话：045-903-0800
- 营业时间：午市11:00~14:30 夜市17:30~21:00
- 休息日：周一（节假日顺延一天）
  http://www.les-sens.com/lesens/
  午餐1500日元~、晚餐4950日元~

有着吉祥寺商业街的外观，店内却洋溢着老店的氛围。以西班牙海鲜饭和西班牙冷汤为代表的午餐及自助套餐最受欢迎。

高森敏明 老板主厨

P29

德斯嘉特斯 西班牙风味餐厅
（Restaurante Dos Gatos）

这家西班牙料理餐厅在东京的吉祥寺已经开了30年，而品质始终如一。主厨在巴塞罗那进修时所著书中写到，自己的理想本是成为一名记者，还因此圈了一批粉丝。他坚守着西班牙乡土料理，朴素却温暖。

- 地址：东京都武藏野市吉祥寺本町2-34-10
- 电话：0422-22-9830
- 营业时间：午市12:00~15:00（最后下单时间14:00）
  夜市17:30~23:00（最后下单时间22:00）
- 休息日：周一、每月第三个周二
  午餐工作日1800日元~、周六日及节假日2500日元~
  晚餐5000日元~

以产地直送的新鲜食材而出名的意式餐厅。提出轻奢西餐厅的概念。

今井寿 老板主厨

P44

爱意 意式餐厅
（Taverna I）

1958年出生于东京。1988年进入浅草Nippon View Hotel的Ristorante VERITA，后又在Trattoria Buccina、Ristorante Dontalian、OSTERIA Il Piccione、OsterialaPirica等处担任主厨，之后在Nippon View Hotel等处从事厨师工作，在2013年开设了Taverna I。

- 地地址：东京都文京区关口3-18-4
- 电话：03-6912-0780
- 营业时间：工作日午市11:00~14:00 夜市17:30~21:30
  周六日、节假日12:00~21:30
- 休息日：周二（节假日正常营业，顺延至次周三）

餐厅是独门小院。石崎主厨旨在通过意式料理让客人体验“非日常”的幸福感觉。

石崎幸雄 老板主厨

P50

石崎屋 意式餐厅
（DA ISHIZAKI）

地址：东京都文京区千駄木2-33-9
电话：03-5834-2833
营业时间：午市11:30~13:30　夜市18:00~21:30
休息日：周一（节假日正常营业，顺延至次周二）
http://www.daishizaki.com
午餐3500日元~、晚餐10000日元~

2014年搬迁至后涩谷。虽然到了不容易被找到的地方，但却经常顾客盈门。最受好评是数肉类料理。

峰义博 老板主厨

P62

本味私厨 西班牙风味餐厅
（MINE BARU）

主厨从烹饪学校毕业后在许多风格各异的餐厅工作过，后来于2011年独立经营。他的料理突出食材的本味，他对料理的好奇心是他深入研究的基础。真空料理法、减压加热法等，都是主厨将最新技术加以运用研究出来的成果。

地址：东京都涉谷区神泉町13-13涉谷大厦B1F
电话：03-3496-0609
营业时间：午市周日12:00~15:00（最后下单时间13:30）夜市周二~周六17:30~23:30（最后下单时间.22:30）周日17:30~23:00（最后下单时间22:00）
休息日：周一
午餐2200日元~、晚餐5200日元~

这是一家主打肉类料理与葡萄酒的法式小餐厅。在这里不必拘束，可以尽情的大块吃肉大口喝酒。

川崎晋二 厨师长

P72

野毛欧式小酒馆
（野毛ビストロ ZIP）

生于法国乡村。在神奈川的横滨市开设了5家轻松风格的法式餐厅，并作为厨师长活跃于料理界。

地址：神奈川县横滨市中区花咲町1-1 大竹大厦1F
电话：045-567-7098
营业时间：周二~周四14:00~24:00（最后下单时间23:30）
周五周六14:00~25:00（最后下单时间24:30）
休息日：周一

每月都会用全鱼宴款待客人，这些鱼都是店里的人亲自钓的，同时还会举办烧烤活动供大家畅饮。签约农家直送的新鲜蔬菜也是这里受欢迎的原因。

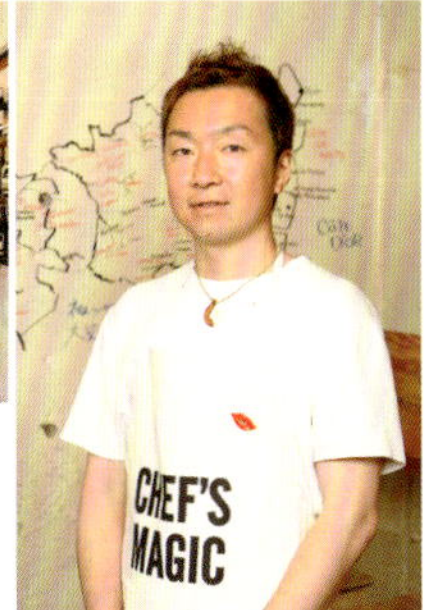

大塚雄平 老板主厨

P76

伊斯特 Y 居酒屋
（est Y）

在法国BUERHIESEL（当时名为三星餐厅）、德国三星主厨、OREAJI等处学习后，于2013年开设了居酒屋est Y。2015年开设了2号分店DONCAFE36。

地址：千叶县千叶市花见川区幕张本乡2丁目8-9
电话：043-301-2127
营业时间：15:00~24:00
休息日：不定休

餐厅以音乐为主题，店名也是由此而来。定期会举办钢琴会或晚餐音乐会。吸引了许多音乐爱好者。

梶村良仁 老板主厨

P82

布拉斯里音乐餐厅
（Brasserie La·mujica）

在老店GRAND MAISON及巴黎和法国南部的星级餐厅积累了许多经验后，于2008年开设了此餐厅。为了让法式料理融入人们的日常，他坚持制作亲民的法式料理，充分展现出地域特色食材的魅力

地址：东京都文京区千駄木2-33-9
电话：03-5834-2833
营业时间：午市11:30~13:30　夜市18:00~21:30
休息日：周一（节假日正常营业，顺延至次周二）

餐厅位于远离大街的小巷中，让人得以在清净的环境中品尝地道的料理。招牌料理是托斯卡纳的带骨牛排。

二瓶亮太 主厨

P93

雷欧纳意式餐厅
（Osteria IL LEONE）

24岁开始接触意大利料理，28岁前往意大利佛罗伦萨进修。在意大利生活的4年间，不断学习正宗的意大利料理。回国参与了在横滨开设新店后，于2016年2月担任Osteria IL LEONE的主厨。擅长制作托斯卡纳地区的料理。

- 地址：东京都新宿区新宿2-1-7
- 电话：03-6380-0505
- 营业时间：午市11:30～14:30（最后下单时间）
  夜市18:00～21:30（最后下单时间）
- 休息日：周一
  午餐1000日元～、晚餐5000日元～

门庭若市的店内，厨师与服务员配合巧妙，就连晚上都能来三批客人。同系列意式餐厅Trattoria Ciccio也十分有人气。

广濑康二 主厨

P96

好时小酒馆
（Bistro Hutch）

以东京四谷的“北岛亭”为开端，在法式星级餐厅积累了许多经验后，现在在吉祥寺的人气店铺内施展才能。主厨精湛的厨艺是吸引顾客前往的原因。除了基本料理，许多季节限定料理的推出也使食客非常满足。

- 地址：东京都武藏野市吉祥寺本町2-17-3本町建筑1F
- 电话：0422-27-1163
- 营业时间：17:00～次日3:00（最后下单时间次日2:00）
- 全年无休
  晚餐只提供菜单中的料理

为了使餐厅更显档次，从公寓的一层有段台阶可以通往装潢时尚的二层。餐厅前的路名为“风的散步道”。

内藤史朗 老板主厨

P102

恩瑟斯法式餐厅
（ESSENCE）

内藤主厨曾经从业于法国名厨开设的新式法国料理餐厅，一边受熏陶，一边研究如何独立出去。2006年，他选择在三鹰开设了自己的第一家餐厅SIMPLY FRENCH，2010年改名为ESSENCE。

- 地址：东京都三鹰市下连雀2-12-29 2F
- 电话：0422-26-9164
- 营业时间：午市11:30～14:00 夜市18:00～21:00
- 休息日：周一
  午餐3000日元～、晚餐5000日元～

这家餐厅营业前队伍就会排到很长，晚餐也经常预约不到，可以说非常有人气了。以双人餐1万日元封顶的理念吸引了许多食客。

加藤木裕 老板主厨

P110

奥德里斯法式餐厅
（Aux Delices de Dodine）

曾在东京都的人气法式餐厅积累经验，于2013年开设同一家餐厅。他的料理以精致出名。之后一年开一家新餐厅，如今已有三家店铺且生意兴隆。加藤主厨的经验和技巧值得我们关注。

- 地址：东京都港区芝大门2-2-7 7号中央大楼1F
- 电话：03-6432-4440
- 营业时间：午市11:30～15:00（最后下单时间14:30）
  夜市18:00～23:30（最后下单时间22:30）
- 休息日：每月第一个周日
  午餐1000日元～、晚餐只提供菜单中的料理

料理食材均来自各个农场，每日将精选的新鲜食材呈现在顾客的餐桌上。将日式风情融进法式料理中也是其一大特色。

中田耕一郎 老板主厨

P120

新概念日式法餐厅
（Le japon）

1976年生于福岛县岩城市。曾在箱根的Auberge au Mirador、SIMPEI、虎之门的ELEMENTS等处任厨师长。还研修与日本创意料理店“回声料理屋（料理屋こだま）”，于2011年在代官山开设了Le japon。

- 地址：东京都目黑区青叶台2-10-11 西乡山1F
- 电话：03-5728-4880
- 营业时间：午市12:00～14:00（最后下单时间. 13:00）
  夜市18:00～23:00（最后下单时间. 22:00）
- 休息日：不定休
  http://www.le-japon.info
  午餐5500日元～、晚餐7500日元～

餐厅氛围使人感到幸福，富有创意的法式料理搭配上等的葡萄酒，使人身心愉悦。

吉冈庆笃 老板主厨侍酒师

P126

摩登艺术法式餐厅

（I'art et la manière）

曾在法国南部的三星Jardin des Sens处担任侍酒师。回国后在Sens & Saveurs及普赛尔西式酒馆（カフェ&ビストロデフレールプルセル）担任总管。2009年独立后担任I'art et la manière的董事长及侍酒师。

- 地址：东京都中央区银座3-4-17 Optica B1
- 电话：03-3562-7955
- 营业时间：午市11:30～15:30（最后下单时间13：30）※周一午市不营业；
  夜市18:00～24:00（最后下单时间. 20:30）
- 休息日：周日、年终岁末
  http://www.lart.co.jp
  午餐4000日元～、晚餐9000日元～

追求料理的朴素简便，擅长展现当季新鲜食材的本味。

中村和成 主厨

P134

波奴法式餐厅

（LA BONNE TABLE）

1980年出生于千叶县。曾在松尾法式餐厅（シェ松尾），LA LIONNE处巩固料理基础，后参与了L'Effervescence的开业，并在2012年晋升为厨师长。2014年，LA BONNE TABLE开业后担任主厨。

- 地址：东京都中央区日本桥室町2-3-1 COREDO 室町2 1F
- 电话：03-3277-6055
- 营业时间：午市11:30～13:30（最后下单时间）
  夜市17:30～21:30（最后下单时间）
- 休息日：隔周周三
  http://labonnetable.jp
  午餐3600日元、晚餐6800日元

八盘料理套餐与搭配的葡萄酒套餐是非常受欢迎的。午餐时段会准备简便的意大利面，特色料理鹅肝也已上市。

高山直一 主厨

P140

卡斯泰利纳意式餐厅

（PIATTI CASTELLINA）

曾在RISTORANTE CANOVIANO总店与代官山RISTORANTE ASO积累经验，后又在AROMA FRESCA集团担任主厨。2015年起在PIATTI CASTELLINA担任主厨。在日本料理与法式料理的研究上他从未懈怠，还创造性地将日式风格融进意大利料理中。

- 地址：东京都新宿区天神町68-3 桥本大厦1F
- 电话：03-6265-0876
- 营业时间：午市11:30～15:00（最后下单时间13:30）※周一午市不营业
  夜市17:30～23:00（最后下单时间21:30）
- 休息日：周三
  午餐1080日元～、晚餐5400日元～

走进建筑外墙被绿色植物覆盖的餐厅，镶满玻璃的空间就展现在我们眼前。开阔敞亮，环境舒适，服务周到，当地人经常光顾。

小山雄大 主厨

P150

波尼西蒙意式家庭餐厅

（Tratoria AI Buonissimo）

从料理学校毕业后就走上了料理这条道路。从师于Taverna I的主厨金井寿，学到了许多高等料理技术，2008年担任Tratoria AI Buonissimo的主厨。当地的家族客人非常多，小山主厨以家庭料理为基础，制作亲民的意大利料理。另外，材料用量也是经过精密的测算，保证料理的口味。

- 地址：东京都目黑区八云5-11-13
- 电话：03-5731-7251
- 营业时间：午市11:30～14:00（最后下单时间）
  夜市17:30～21:00（最后下单时间）
- 休息日：周一
  午餐1000日元～、晚餐3700日元～

餐厅以正宗的西班牙乡土料理和西班牙各地的名酒为主打。为此许多客人不惜远道而来。

数井里央 老板主厨

P157

伊雷纳西班牙乡土料理

（スペイン郷土料理 イレーネ）

数井主厨以用正宗的方法来烹调西班牙料理而有名。使用简单的应季食材用朴素的手法突出其原本的美味，得益于东京都内一位西班牙主厨的指导。

- 地址：东京都中野区新井1-2-12
- 电话：03-3388-6206
- 营业时间：17:30～24:00（最后下单时间21:30）
- 休息日：周一
  晚餐以菜单为主

食材索引

○ 蔬菜类

○ 菌菇类

○ 海鲜类

图书在版编目（CIP）数据

主厨创意腌泡料理 / 日本旭屋出版主编；何思怡译. —北京：中国轻工业出版社，2018.11
ISBN 978-7-5184-2082-7

Ⅰ. ①主… Ⅱ. ①日… ②何… Ⅲ. ①腌菜 - 菜谱 ②泡菜 - 菜谱 Ⅳ. ①TS972.121

中国版本图书馆CIP数据核字（2018）第198156号

策划编辑：龙志丹　　责任终审：劳国强　　整体设计：锋尚设计
责任编辑：高惠京　杨　迪　　责任校对：晋　洁　　责任监印：张京华

出版发行：中国轻工业出版社（北京东长安街6号，邮编：100740）
印　　刷：北京博海升彩色印刷有限公司
经　　销：各地新华书店
版　　次：2018年11月第1版第1次印刷
开　　本：787 × 1092　1/16　印张：10.5
字　　数：200千字
书　　号：ISBN 978-7-5184-2082-7　定价：78.00元
邮购电话：010-65241695
发行电话：010-85119835　传真：85113293
网　　址：http://www.chlip.com.cn
Email：club@chlip.com.cn
如发现图书残缺请与我社邮购联系调换
171435S1X101ZYW